梦想的路，我们全力以赴

大鹏 著

北京联合出版公司
Beijing United Publishing Co.,Ltd.

图书在版编目（CIP）数据

梦想的路，我们全力以赴 / 大鹏著. -- 北京：北京联合出版公司, 2017.9
ISBN 978-7-5596-0932-8

Ⅰ.①梦… Ⅱ.①大… Ⅲ.①成功心理－通俗读物Ⅳ.①B848.4-49

中国版本图书馆CIP数据核字(2017)第215069号

梦想的路，我们全力以赴

著　　者：大　鹏
责任编辑：龚　将　崔保华
封面设计：格·創研社　SQUARE Design BOOK QQ:418808878

北京联合出版公司出版
（北京市西城区德外大街83号楼9层　100088）
北京联合天畅发行公司发行
小森印刷（北京）有限公司印刷　新华书店经销
字数120千字　787mm×1092mm　1/16　14.25印张
2017年9月第1版　2017年9月第1次印刷
ISBN 978-7-5596-0932-8
定价：68.00元

序

平静的珍贵

高晓松

大鹏嘱我为这本讲述东北边陲小城摇滚青年奋斗的书写序，我问为啥找我写？他说：你资格老，影响力大。如此直接，反倒没了推托的理由。

于是读了他在集安学吉他组乐队唱酒吧遭冷眼等等各种。其实我自少年入行，不要说听到这样的故事，就是亲眼见过的，也有无数比这本书悲惨得多。包括我自己当年学吉他组乐队唱酒吧遭冷眼，也比之尤甚。

但是看的时候依然被打动，我想可能是因为代入了大鹏这个人。我在这行干了二十五年，见了太多奋斗成名的人与事，通常遵循这样的路径：未成名时，外表平静，内心狰狞；刚成名时，外表狰狞，内心也狰狞；成名久了，外表狰狞，内心平静；过气了，外表平静，内心也平静。

大鹏似乎一直很平静，他让做海报的同事把"大鹏导演作品"里的"作品"二字拿掉，只保留职务。每次我见到他，都是在座说话最少的人，看不出一丝狰狞。他师父风光无限时，他很少借师门招摇，反而师父落难时，他平静地站出来维护师父。想起当年，我自己年少成名后的种种膨胀与不堪，就愈发觉得平静的珍贵。

至于这本书，应该是一本电影宣传册子，既然宣传的是电影，就让我们期待这部电影吧。

目录

《缝纫机乐队》美术气氛图

《缝纫机乐队》开场故事版

第一章

种子埋下，迟早开花

有时候，有梦想不代表有能力，

但能力和梦想之间的距离也是一种动力。

未来很好，请你继续勇敢追逐。

写在 35 岁生日这天

前几天我妈来北京，我俩坐在车里，我随口问了一句："妈你今年四十几了？"我妈说："儿子你咋地了？你自己都快四十岁了还问我四十几？"

我老家地方小，讲究多，论年龄习惯说虚岁，像我这种1月份出生的孩子，一落地就2岁了，所以在老家，我今天37岁了。来北京这些年过得太快，光顾着赶路没抬头，我以为我妈还是四十几呢。

我妈以前是唱评剧的，在县剧团工作，后来剧团倒闭了，下岗的叔叔阿姨们组织到一起给人家唱婚礼和开业，所以我妈一直不太同意我搞文艺。我13岁开始弹吉他，都是躲进厕所里练，喜欢音乐喜欢得一点儿都不光明磊落。

2004年来到北京，进入搜狐娱乐频道。那时候互联网刚刚开始支持大家看视频，可网站没什么视频内容，我们几个员工就自己拍一些小节目、小短剧。一直到今天，拍了十几年。

我没什么天赋，有时候还觉得自己挺笨拙的，上节目总是尴尬，话也说不漂亮。因为工作关系，我缓慢站到一个自己的能力不足以支撑的行业，但和每一个奋斗中的孩子一样，既然来了，我想要试一试。

尽力了，过程中做了好多事情，好与不好，都尽力了。一直到不再是孩子。

却仍有个遗憾。

前年冬天我偷偷参加了《蒙面歌王》，因为那个舞台可以不露脸。唱完以后有评委说"你肯定是走错录影棚了，我们这里不需要卡拉 OK 水平的"，但我还是很开心，能唱歌就很开心。我把那个大面具一直放在工作室最显眼的地方，那时候我 33 岁。

那一年《煎饼侠》上映，有一天跑路演去到哈尔滨，在提问环节站起来一个姑娘，她说："大鹏，你还记得我吗？我想和你说声对不起。"台下的观众莫名其妙，我也吓了一跳，她看到我不记得她，又说了四个字："名人唱片。"

啊，那是 2003 年的事情了。我想起她是我的网友，介绍我去她同学开的这家唱片公司，我拿着家里借的三万八千块钱，签约成为一名自费歌手。可就在我交完钱以后，那家唱片公司就消失了。她说她不知道同学是骗子，一直很内疚。

那一年我疯狂在北京和哈尔滨寻找名人唱片公司的下落，21 岁。

在签约唱片公司之前我是有乐队的，不过解散了，那是我大学时候组的乐队，叫天空乐队。核心成员是我和一位键盘手，他在我们乐队里弹贝斯，鼓手总是在变。我和他一起在长春的酒吧里唱歌，他弹键盘我弹吉他，很有默契。

那时候全国范围内正举办一个叫"冰力先锋"的乐队大赛，前三名有机会签约唱片公司，当时长春很有名气的另一支乐队把我的键盘手请去了，我没办法参加比赛，一个人在学校操场上泪流满面地跑圈儿。那年我 19 岁。

在上大学之前我也组过一支乐队，叫及格乐队，乐队里只有我是学生，有两个社会青年，还有一位德高望重的钢琴老师。寒暑假的时候我们自己印传单，拉赞助，办演出。在我的家乡集安，到现在都流传着这支乐队的故事，当然大部分都不是真的。

但这件事儿是真的。有一回演出开始前十几分钟，还是没有观众，很多座位空着，我跑到外面喘气儿，遇到一位乞讨的老人，我给了她一块钱，她对我说："谢谢你，祝你一切顺利。"

等我再回到场内，竟然已经坐满了人，我觉得特别神奇。那年我 16 岁。

前段时间我去录《非常静距离》，节目组把及格乐队的老几位都弄到了现场，我当时就崩溃了。他们当中有两个人是第一次来北京，第一次坐飞机，飞机颠簸的时候他们手牵着手。那晚我们围在一起吃火锅，唱老歌，我在一百多个本子上签了一百多个名。

前面提到的遗憾，其实是我和音乐这件事儿的关系。有梦想不代表有能力，但能力和梦想之间的距离也是一种动力。一年多以来，我一直在筹备一件事情，现在进展顺利，终于可以正式和大家分享了：

我导演的第二部电影，名字叫作《缝纫机乐队》，将会在今年 9 月 29 号上映。这是一部和音乐有关的喜剧，希望可以继续拯救不开心。

《缝纫机乐队》的第一张海报上，是 15 岁的我——那个满眼期待的孩子啊，未来很好，请你勇敢弹下去。

许多次采访都会被问到拍电影的事情，我是因为运气好，但也始终很敬畏。从《煎饼侠》到现在已经有一段时间了，我想多学学多练练，这期间我和许多优秀的导演合作，成为他们的演员，也监制了一部喜剧电影《父子雄兵》，我觉得自己有进步，虽然缓慢，但是前进着。

今天是我的生日，我想在这一岁，踏实地完成《缝纫机乐队》。

这部电影是我在时光里投递的礼物，送给 16 岁时满大街发演出传单的自己，给 19 岁时在酒吧每晚唱四十首歌的自己，给 21 岁时疯狂凑钱还钱的自己，给 33 岁时在舞台上躲在面具后面的自己。

也给每一个，追逐梦想的你。

大 鹏

2017 年 1 月 12 日

《缝纫机乐队》导演阐述

2015 年 10 月，电影局组织了几位导演去美国，参与派拉蒙电影公司的学习活动。在一个混录棚，我看到一部音乐人传记电影的开场，那是一段乐队的现场演奏，声音指导将每一样乐器的位置都摆放得正好，配合着大屏幕上的画面。看完以后我决定拍摄一部呈现音乐现场的电影。

之后我和编剧苏彪开始了漫长的故事探索，现在的剧本和第一稿大纲相比，几乎只保留了片名。片名的由来，我想和苏彪喜欢抖腿有关。程宫和胡亮都是我生活中认识的有趣的人，后来确定由乔杉饰演胡亮之后，苏彪曾经在某一稿剧本里把名字改成胡宝剑，我竟然有些失落，似乎已经和这个小胖子产生了某种情感，就把他又找回来了。

《缝纫机乐队》和音乐有关，但它并不是一部音乐电影，就好像《少林足球》并不是一部体育电影一样，这部戏应该还是喜剧应有的模样。当然，每个人的喜剧观是不一样的，很多人认为喜剧表演等同于不严肃，我反而觉得喜剧表演必须要严肃。角色本身要无比认真和相信自己正在做的事情，而其他人对于这件事情的反应，则代表着观众的幽默感。

从时间上，本片分为"二十年前"和"此时此刻"两部分；从空间上，本片分为北京和集安两地。"二十年前"的还原难点在于造型，北京和集安视觉区分的难点在于美术。

北京的气氛，应该是现代的，拥挤的，冰冷的。但是程宫并不成功，所以他对于这个城市，是疏离的。他住的地方、吃的东西、坐的车，他的小环境，都不属于大环境。

集安是我的家乡，东北吉林省边陲小城，紧挨着朝鲜。因为我们要在城市里建一座吉他雕塑，需要得到市政府的支持，所以选择在这里拍摄。但是集安"摇滚之城"的概念是被虚构出来的，所以相对应的城市气质，我们将它可爱化，理想化。戏中集安的很多陈设都和摇滚乐有关，这种铺陈与寻找，希望可以形成有趣的观影互动。

全片影调，应是暖的，彩色的，有希望的。我想我们在转场上下更多功夫，在成块儿的故事区间里有比较风格化的转场设计，而这种设计希望少依赖特技，多依赖道具，以及场景之间的关联、声音，等等。

因为我想实现戏里的全部特约演员都由中国摇滚的代表人物参演，所以在前期进行了大量的沟通工作，基本上全部的摇滚人都表示支持，像是被盖上某种认证，《缝纫机乐队》的摇滚血统有些纯正。电影与观众的沟通，和人与人的沟通一样，都需要相互尊重。赵英俊说，不能只有老铁，没有扎心。

和《煎饼侠》一样，这一次还是用梦想扎心。程宫对胡亮说，车得修，歌也得唱。电影里，程宫把梦想描述成很具象的"一股劲儿"，而电影的核心也许是在说，梦想和能力可以无关，和现实可以没有呼应，能不能实现也不是终极考量，但是"这股劲儿"一直存在着，比较重要。

中国家长一直以来对摇滚乐是有偏见的，希望电影上映之后，想学琴的孩子们会获得更多的支持。种子埋下，迟早开花。这样想想，我们正在做的事情，还是挺有意义的。

经常听到有人说，电影是遗憾的艺术，我没拍过那么多电影，并不能够总结出类似的话。但是我作为观众，看到过一些好的和不好的，我觉得区别在于是否松散。电影是画面的累积，每场戏里松散几帧，就会叠加变形。愿同路冒险的我们全力以赴，不妥协，不松散，拧紧神经，少留遗憾。

开机仪式上讲的话

感谢大家。我现在的心情没有特别激动，因为我觉得对于各位来讲，今天只是普通的一天。虽然今天是我们电影开机的日子，但是电影是一辈子都会坚持做的事情，未来我们会迎接一部又一部自己参与的电影，今天和每一天应该是一样的，平凡且有力量。

昨天我跟导演组的同事们吃饭，聊起一个事儿，阿海每次帮我做海报的时候，都会在排版上写一个"大鹏导演作品"，我就跟他说把"作品"两个字抹掉，我有些害羞。我只是这部电影的导演，或者说我在这个电影剧组的职位是导演，但这部电影，是我们所有人的作品。

如果把一个电影剧组比作一台正在运转着的机器，那么现场的每一位都是它的一颗螺丝钉，如果这台机器的每一个地方都拧紧了，它就会变得更加牢固，经得起使用。我想起我们的电影中，开场设计了一个 8 秒钟的延时摄影，描绘在集安的那座雕塑建造起来的过程，现在我们就有一个同事在集安，每天早上起得比我们早，每天晚上要深夜才收工，他的工作就是在那里拍延时摄影，一动不动，风雨无阻，他要这样一直拍摄两个月，而这两个月，只换来电影里的8秒钟。我觉得，他是这部电影的重要组成部分，而这部电影，同时也是他的作品。

过去的几个月，我每次来这里看景，都能见到许多忙碌的工人，中午的时候他们会排着队去打饭，队伍很长，两个多月以来他们一砖一瓦帮我们搭出这座摇滚之城。他们今天没有在现场参加这个仪式，但是我觉得，他们也是我们电影特别重要的组成部分。

我们戏里最小的演员只有八岁，她也是我定下来的第一个演员，那时候她才六岁。在我决定要拍这样一个题材的时候，就开始让她练钢琴，练了半年多，电影终于开拍了。看到这几天排练中演员们的状态，我特别感动，他们私底下进行了大量的练习，熟练掌握这些乐器的演奏，要克服大家无法想象的困难。

所以我要感谢大家的付出和帮助。《缝纫机乐队》是我担任导演工作的第二部电影，但是在座的每一位，你们都合作过很多的导演，都有很多的代表作，你们参与拍摄过的电影都比我多，我希望你们能够包容我在过程当中的错误，也希望你们能够勇敢地说出自己的想法。让我们拧紧每一颗螺丝钉，共同完成这部电影。

我会竭尽全力为大家创造一个轻松愉快的工作环境，希望大家享受拍摄的过程，在剧组有任何事情都可以和导演组沟通解决。今天只是普通的一天，现在开始上班，把戏拍好，谢谢各位！

第二章

继续拯救不开心

人生难免是有所缺憾的，

所幸，在电影里可以去弥补这一份缺憾，

这是不完美人生里最大的完美。

这世界既现实也温柔

我十八岁之前，从来没离开过集安，我所有的童年记忆也都扎根于此。

小时候我没有认为它有多美。因为这就是我的家，家就是平时你感受不到它的特别，但只要走远了，你就会一次次想起它。

我在集安的时候，觉得一切都是理所当然，山雄壮，仿佛从来不知道低头；水安静，没有什么能干扰它的流淌，一切都是自自然然的。后来，离开了集安，去了不同的城市，看了更多的风景，才发现山和水可以有另一种样子。

当我们将拍摄场地选在集安，整个剧组跑到集安来拍摄时，我很开心剧组的人全都很喜欢这里。还有一点让我更加感动，世界在变，但是集安民风中的热络和善良一直都没有什么变化，很多老乡在我们拍戏的时候，并不打扰，而是在微博给我留言评论或者发私信，说看到我拍戏了，鼓励我一定把这部电影拍好。

一天，我收到一条很特别的私信，这条私信说："大鹏，我想问问你，你们演唱会这场戏什么时候拍完？因为我家就住在你们拍摄场地附近，这场戏太闹腾太吵了，我妈被整得睡不着觉。但是，我个人特别支持你，跟你说这些也没啥恶意，我就是希望你早点拍完，让我妈好好睡一觉。"当时我觉得这种实实在在的倾诉和交流，里面有一种温度。

无数这样的时刻，让我觉得世界很暖，必须加倍回馈这样的善意。

接受过很多采访，都有人问我为什么拍的喜剧都是小人物
的故事，而且并没有很尖锐，我想这和我一直以来的成长
经历是有关系的。一部电影作品传达的情绪，也是导演内
心建构的世界。我有幸接触过很多的导演，我发现他们拍
摄的作品中的灵魂，就是他们那个人本身。

比如说，有的导演对生活中的一些现象很敏感，他具有批
判和表达的意识，他的作品就会绵里藏针，藏着一些尖锐
的力量。

当然，每一个导演的风格都是不同的，他们传递给观众的
感受也不相同，这是一件很有趣的事情。人也是如此，每
一个人都是独立的个体，谁也不可能替代谁，或者复制谁，
因为最核心的东西是无法复制的，是一种人生故事的底层
构建，它自成体系。

这一套体系，与每个人走过的路和经历过的事情有关，也
和人们在大脑中加工同一个事件的不同角度和方式有关。
我并不是没有遭遇过世界的现实和残酷。有一个词叫作人
设，这个词对电影人来说，很熟悉。所谓人设，其实就是
人物设定，大概意思是，一个人的基本设定，包括出身与

背景。

这几年来，随着自己的脚步不停，我逐渐完成了自己新的人设。但我并不觉得过去的自己有多卑微，虽然我来自一个小城市，但是这个小城市给我的暖，让我在这个世界上遇到艰难的时候，内心是安定的。我知道有一个地方是那么亲切、随和，接纳我的，只要我回去，就能感受到人们使用着一种我熟悉的随和有趣的语言在交流，实实在在，平平常常，重要的是，那是一个可以随时为我敞开大门的地方。

对很多年轻人来说，都是如此。有句话叫作"莫欺少年穷"，年轻人看似一无所有，却并非如此，他的内心含有对这个世界的信心，就是一笔看不见的资源。我自己有这样的信心，我不太容易感受到别人说的这个世界上有那么多的不公平，反而，我总是一次次提醒自己，这只是现实世界的一部分面貌，你想要的，要加倍努力争取。只有你肯付出，世界会给你它的温柔。

事实也的确如此，越努力就会离幸运越近。我一向都觉得自己是幸运的，因为在我的人生里遇到的不少人都愿意帮助我，让我实现了很多看似不可能完成的事情。

胆小是个好伙伴

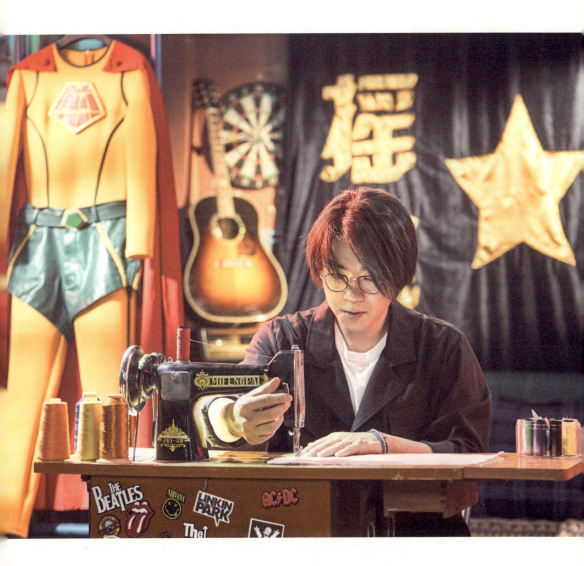

初入行时，我去试戏。那是我第一次表演，所以还没等我想好怎么演，导演就喊"开始"了，当时演的是，在餐厅里，我要用一种很为难的样子去埋单。

当时我不知道怎么去表现这种为难，我是真的为难，正好我坐的地方旁边有一杯水，我琢磨着喝口水拖延下时间，没想到水特别烫，我当时就喷了，导演在一旁叫好，我稀里糊涂就入选了。

后来我跑了很多次龙套，在那些电影里，谁都发现不了我，无论我演的时候有多么兴奋。

直到 2015 年，我导演了《煎饼侠》，那时电影市场空前繁荣，趁势而为的结果就是《煎饼侠》这部电影的票房取得了一个很好的成绩。

11 亿的票房，并不能让我像一般人说的有某种膨胀，反而，我有些心虚，因为在我看来，这部电影的票房成绩远远超过了我的期待值。

我被瞬间推向了电影市场，有机会和许多优秀的导演合作。2014 年到 2017 年这三年时间里，我参演了《我不是潘金莲》《奇门遁甲》《西游伏妖篇》，还有《摆渡人》等作品。合作伙伴分别是冯小刚、徐克、周星驰和王家卫。在华语电影导演里面，他们都是有分量的前辈。

能有参演机会确实是好事一桩，最关键的是可以借此机会跟着学习，在把握出演的机会之余，再去看一看，他们到底是如何运作剧组、关键技术在哪儿，又是怎样去拍电影的。

这三年，我其实都在学习这一件事。随着经验和技术的持续学习，我的胆量也变得越来越小了，往好的方面想，这算作是成熟的一种表现。

比如，你问一个孩子："你会唱歌吗？"大部分的孩子一定会说："是的，我会唱。"可是如果你问一个大人："你会唱歌吗？"大人就会有所迟疑，因为他知道"会唱"意味着什么。

从演戏的部分来说，观察力会给我带来帮助。比如，我经常坐火车，会遇到一些当众大声讲话的人。有一次我突然在火车上看到有一个人，他站在车厢与车厢的连接处，望着窗外，他是手心冲前托着腰的。

我在《我不是潘金莲》里演王公道这个人物的时候，想起这个人，突然发现这就有了一个具象化的姿态去表现这类人的行为方式。动作的不同，指向实施动作的人的内心。

除了演技上的学习，我也吸收了关于电影的其他知识，这些学习有时候并不具有目的性，甚至也不是为了改变别人对某些事物的看法，因为人们的评价，并不是

一部电影或者一本书就能消除掉的。只是觉得我应该去做点这样的事，我有一些想法，我期待把它实现出来。

每一个导演，他们的工作方法完全不同，每一个演员也会有属于自己的表演方式。甚至同一个职业里的每个人，都有属于自己的特点吧。你不能照搬冯小刚的套路去用在你自己的作品里，当然你更成为不了王家卫或者周星驰。所以，你只能在不停地实践中去找到属于自己的方式和方法。

摸着石头过河的心态是工作中的好伙伴，无论是做电影还是其他产品，一两个成功的产品的出现，可以让你总结一些经验，但是对于一个产品经理来说，他千万不能把这部分经验当作规律。因为当某个仅仅是经验的东西被总结成规律，就会对持续的发展带来一种灾难，很可能你就会利用这种"规律"，往下一个产品上生搬硬套，弄巧成拙。

我常常保留这种如履薄冰的胆小，电影的学习，永远没有毕业之时。一些导演的名字之所以有分量，是因为时间和作品一次又一次地证明了他的价值，三次以下都不算重复证明。

我享受自己此刻正小心翼翼，行走在路上。

努力也是一种天赋

当我听到别人被评价"有天赋"的时候，羡慕极了，我觉得天赋这个词真是太酷了。可一直以来，我得到的评价都是，大鹏是一个很努力的人。

努力意味着能吃苦，能耐劳。这个品质当然是好的，但显得有些辛苦。

拍《缝纫机乐队》的时候，有三个时刻，我对天赋和努力有了新的感受——一个人能够努力，也是需要天赋的。

有场戏，我想设定的是李鸿其单手打鼓。很多朋友不建议这样做，担心单手打鼓不好看也不好听。

我的想法是从剧情推进的角度出发的，如果李鸿其饰演的炸药这一角色，在打斗过程中手被打骨折，观众就会被带入疼的感受，他单手打鼓，在表现方式上是有层次的，帮助观众感受上的不断提升。我觉得挺"燃"的。

但是除了我以外的其他伙伴们都提出了他们自己对这个设定的担忧。哈哈哈，我觉得应该试一下，现在来看效果还是不错的。

拍电影从来不是容易的事，一个作品的实现过程中涉及太多的人，导演需要去接收不同的信息，吸收合理性，不伤害所有人的参与感。

在设计结尾的时候，我也遇到了挑战。电影《缝纫机乐队》从 2015 年底开始筹备，一直到开机之前，我和我的团队都一直在推敲。甚至在大结局那一场戏开拍的前一天晚上，我还在想，有没有更好的选择。

一部电影的结尾决定了一部电影的离场感。如何拍好这个结尾，我和创作团队产生了很大的分歧。

苏彪是《缝纫机乐队》的编剧，《煎饼侠》也是他写的，我很信任他。我们两个在沟通过程中，若出现分歧，通常是他让步，我觉得任何一段关系，无论情侣、家人、同事还是朋友，在关系中懂得让步的那个人，才是真正强大的。

苏彪是一个"逻辑控"，他没有办法接受结尾时，在一首歌的时间之内，广场上从一个人都没有，到人山人海。他的建议是，缝纫机乐队上场的时候，所有一切都到位了，这样比较合理。

我觉得结尾的表演，在没有观众的时刻，大家还能保持投入，就会更加感染人。我脑海中想的是，乐队上台之后，没有观众，他们还是很坚强地唱歌，唱到一半的时候，开始有观众。

剧组的工作人员不知所措，因为导演和编剧不能达成一致，大家不知道应该准备一些什么，例如何时通知群演、准备什么道具，等等。直到大结局开拍的前一天还都是这样的。

后来我们找到了双方都可以接受的解决方式，我让美术组做了扇大门，设计了新的创意：几千人也许早就来了，只是进不来而已。乐队登台的时候，他们看到的是一堆废墟，没看到人，大家一直在敲门，直到有人把门打开。这样也就解决了我和苏彪不同的顾虑。

从发现想法的不同，到寻找有效的解决方式，到最后完成，新的创意带我们走到了问题的出口。

在 Beyond 乐队的拍摄方案中，我们也做了临时调整。

Beyond 是我的偶像，创建这个剧本的最开始，我就去邀请他们来参演。

直到他们来的那一天，拍摄的方案都没有敲定。因为当缝纫机乐队在台上演出的

时候，我意识到应该让缝纫机乐队在舞台上完成最后的绽放。Beyond 可以作为一个强大的精神能量上的支持，为缝纫机乐队加油鼓气。

从最初把 Beyond 找来的想法是邀请他们表演，到后来产生了改变，这背离了我作为 Beyond 的粉丝的初衷，却服务了整部电影。

拍摄《煎饼侠》的时候，我是初生牛犊不怕虎，我们整个团队都是第一次拍电影，拍得无拘无束，敢于打破一切规则。到了现在，越来越多地了解深层次的东西，有些规则当然会束缚住你的一些想象力。

作为导演，只有努力地学习和思考，在合理与不合理之间，在逻辑与非逻辑之间，在感性与理性之间，进行综合考量和取舍。每一次再细小的突破，也都是努力与天赋共同作用的结果。

还有些歌没能唱完

音乐是我少年时代的一个梦，现在依然藏在心里。有时候听到一段音乐，心里会感慨，这个世界上好像没有完美的事物，但却有完美的音乐。

即便音乐不能产生任何物质价值，但它给心灵带来的多维的感受和自由，让我有一种说不出来的幸福。我认为在音乐面前，所有人都是毫无抵抗力的。

我很小的时候，学的第一样乐器是小提琴。那时候家里经济条件不太好，没有小提琴可以练习，我的水平比其他小朋友要差一些。有一天少年宫要办一个露天舞会，小提琴班的老师告诉我："大鹏啊，晚上你和你父母不用来参加舞会了，你不太适合学音乐，以后可以试试去报别的班。"

当时我一直忍着，忍到走出少年宫才开始哭，回家告诉我妈，我不喜欢学小提琴，以后不要学了。

上初中的时候，我用压岁钱换到了属于自己的乐器，是一把无比美好的吉他。为了能够争取到更多的时间弹吉他，我跟我妈做了个交换，交换条件就是学习成绩必须要足够好。我保持着班级前三名的成绩，能够有时间练吉他、写歌、唱歌。

高一的时候，我组建了见证乐队，只有我读高一，其他的成员都读高三。我们举行一场演出之后，其他所有成员就去上大学了，乐队就解散了。

后来，我又组建了及格乐队，只有我是学生。其他成员有两位是社会青年，还有一位是名钢琴老师。

一直以来，我都没有放弃唱歌这件事，不断参加了一些唱歌节目，希望通过自己的努力，有机会成为一名歌手，但是都不成功。我遭遇过欺骗，把家里一笔巨款交给了一家公司，交了钱之后，这家公司的负责人就消失了。

虽然挺坎坷的，我却觉得音乐本身就是一种奖励。

况且，人，总会有一些梦想是实现不了的。但并不阻碍你去追逐。

决定拍摄《缝纫机乐队》的时候，我接受了一些采访。

大家都问了我同样的一个问题，他们说，大鹏，你拍摄这部电影，算不算是在实现你的音乐梦想？

我的回答是，不是。

如果这部戏仅仅是为了实现自己的音乐梦想，未来我可以操作的题材恐怕会越来越少吧，毕竟我的梦想其实并不很多。我觉得应该是因为我有一个音乐梦，让我更有能力去拍好一部音乐电影。

在《缝纫机乐队》这个电影的实现上，我顾虑过一些技术上的问题。

我相信每个人面对生活面对工作都会有各种各样的担心，这很常见。不同的人处在这种情绪中的反应是不同的，有人可能因为担心，就不再去做原本想做的事情了。积极的人肯定不会这么轻易放弃。也不知道从什么时候起，我似乎接受了一些生活中的不适感，也已经习惯了和这种看起来不太好的情绪共处。

该做的事情还是要努力去完成。我告诉自己，技术上的难题，一定能有办法来解决。对于我始终如一所爱的音乐来说，我不知道《缝纫机乐队》一直在等我，还是我一直在等《缝纫机乐队》。我感谢它让我，在喜欢做的事情和我擅长做的事情上很好地嫁接了。

也许人都容易对自己有认知偏差，比如我以前一度认为自己唱歌好，有音乐才华，不管别人怎么看，我就是一名歌手。但这只是一种自我打气，大家并不这么认为，因为没有得到证明。后来，我去参演和导演喜剧了，这一回，我得到了大家的认可，尽管这并不是一开始就想要去追求的东西，但是这也许是我擅长的东西。

《缝纫机乐队》拍摄中的某一个时刻，我感受到了一种使命感。我觉得，我们的音乐是我暂时没有实现的梦想，我把它压在心底最深的地方。当然，这并不是说我放下了音乐，而是行至如今，我经历了很多事情，知道有些事情就放在那儿吧，只要心里有。人生难免是有所缺憾的，在自己的电影中，尽最大的努力为我爱的音乐做一些事情，已经是不完美人生里最大的完美了。

对《缝纫机乐队》来说，我是合适的导演，我了解许多乐器的演奏，知道怎么去展现它们，可能别的导演也关注这个题材，但是他此前的了解并没有那么多。带着这种信念，我对《缝纫机乐队》的付出自然是无路可退，唯有全力以赴。

其实没有小人物

我塑造了很多不同的角色，有人说我很擅长塑造小人物。
"小人物"是一个标签化的词，我并不排斥这个说法。不
过太多人问我怎么看待小人物的时候，我开始思考谁是小
人物，后来我发现，生活中并不存在小人物，每个人都是
时代的沧海一粟，同时，每个人内心的壮阔与沉浮又自成
一个世界。

我在《缝纫机乐队》里演的程宫依然是一个普通人，他既
没有出众的外表，也没有卓越的才能，在造型上不需要多
么闪耀，我也不必考虑让自己出现在镜头里显得帅一些，
只要符合角色的特点，我可以接受一切造型。

这个人物是我为普通人表达的一个窗口，有很多人在塑造
拯救地球的英雄，这是有必要的，但对我来说，表达普通
人日常的一种真实的情感状态，是我的追求。

社会的组成离不开普通人，大部分的人放下生活中的那么
多事情，花钱花时间来看电影，他需要让自己暂时脱离现
实生活，在情感上找到一个释放的出口。

要把人们从琐碎的日常带入电影的故事里，就要让人物符合逻辑上的真实。即便观众明明知道，人物和情节是虚构的，但只要以可靠的细节把人物塑造到位，让逻辑不脱离真实生活的节奏，电影里塑造的世界就是观众心中真实的世界。

在为程宫试妆的时候，造型组为我准备了一顶很漂亮的假发，大家都推荐我留那样的头发，我自己也觉得好看，但是总觉得，程宫这个人应该不是这样的精致。一个小小的考虑不周，也有可能造成观众出戏。

在我参与导演的作品中，从《屌丝男士》到《煎饼侠》，再到《缝纫机乐队》，我其实都不太在乎自己的形象是不是看上去很好看，哈哈哈，我自己本身也不是那种好看的人，只能说普通。普通是我的一种安全感，让我可以塑造各行各业的人。

我熟悉普通人的生活，我也愿意接触生活中的一些不被特别注意到的人。

程宫和胡亮都是我认识的人，程宫是我在搜狐的一个同事，做摄影的，他喜欢弹吉他，是一个小胖子，敦敦实实的，身上有一股平静的力量。之所以平静，也可能是行动不便，哈哈哈哈，我喜欢他的名字。

胡亮也是我认识的人，现实里的胡亮是一位六十多岁的大爷，在北京唐自头摄影棚门口开了一个小卖店，人很幽默，是我在拍《奇门遁甲》的时候认识的。

每次拍完一场戏，我都会走出影棚去他的小卖店买干脆面。他很喜欢和我聊天，喜欢逗我。

他对我说："我从来没有遇到过一个演员到我这儿来跟我聊天，人都是打着伞从那棚里就钻车里去了，你天天跑我这儿来解闷，我特别开心。"后来越来越熟，胡亮唠的嗑儿也越来越不正经。剧组的工作人员，如果找不到我，就去胡亮的店，几个月下来，他几乎把自己的半辈子的故事都讲给我了。

那段时间我正好在创作《缝纫机乐队》的剧本，有一天我和他说，你的名字可以借我用用吗？他说干啥，我说我要把你写到电影里，让全国人都知道你。他好像是骂了一句什么脏话吧，表示我简直不可理喻。

我觉得戏里面的胡亮，到了六十岁，就会是他那样的吧。

创作的时候，我和苏彪都经常会用到身边人的名字，比费心去起的角色名要适合得多，有很多时刻，比如胡亮给我讲到他的故事的时候，你会觉得一个普通人内心所蕴含的力量，真的很惊人。

一个普通人在面对巨大机会时，内心是怎么样的一种冲撞，这值得体会；一个普通人在痛苦的时候，是怎么一层层完成自我解脱，这也有力量；一个普通人在面对一泻千里的命运滑坡时，该怎么想办法去抓得住自己……这些内心的戏是如此壮阔，值得书写和表达。况且，每一个普通人都不普通，他都是他自己世界的中心，是自己剧本里的主角。

没有人的孤单是孤单

我们看到满天繁星，感觉它们都很近，实际上却彼此远离。

我们作为一个独立的个体，孤独会是普遍、持久的感受。

即使与你同行的人是理解和支持你的人，在某一个时刻，你心里的某一个感触，还是不能被全然理解。我们只能无限接近，却并不能真正地感同身受。

在片场看到成百上千的人在奔忙，每个人都尽职尽责地在自己的工作岗位上工作，我心里会涌出很多感动，我好像没有理由去孤独。

可真正站到人群当中的时候，我发现，有一种只有自己才懂的感受从心底升起，慢慢升起，很久很久才消散。

孤独的时候，我会想起黄家驹。

感谢这个技术发达的时代，它让很多不可能都变成了可能。《缝纫机乐队》的片尾曲，是我和我的偶像黄家驹一起唱的。

我们获得了家驹在 1986 年的《再见理想》这首歌的声音版权，重新进行了编曲，我把想要对他说的话，放在他的《再见理想》这首歌的中间。第一句就是 "坐在你对面的人始终不安，没有人的孤单是孤单"。

我每次去香港，都会坐在他的对面，和他说说话。

桃李春风一杯酒，江湖夜雨十年灯。我常常想，如果家驹还活着，我一定会有机会认识他。我可能会和他聊天，可能会邀请他演我的电影。我可以用自己的方式去接近他，了解他，听一听他的心声、他的喜好。

但是，他不在了，一切都是假设，永远都做不到，我就是在他的对面，永远仰视着，永远都没有机会知道更多的细节，只能通过别人的描述去还原他性格里的点滴。

我很想知道他一个人独处的时候，在想些什么。

黄家驹的人生永远停留在 32 岁。我已经 35 岁了，我比自己的偶像，年纪还要大了。

在集安拍摄电影里千人齐唱《不再犹豫》的那一天，正好是 6 月 10 日，那天是家驹的生日，是一个缘分，一个非常美妙的巧合。那天拍摄的时候我看着天，默默念叨了一些话，觉得他应该听得见。

他知道你在做一件这样的事情，你就没有理由做不好吧。

拍摄《缝纫机乐队》，除了电影内容的评价之外，我还有一个期待——我希望人们能够通过《缝纫机乐队》去关注音乐，爱上音乐。

这里的音乐不仅仅指摇滚乐，音乐的形式可以千变万化，但本质上只存在能否打动心灵的差别，理想化地说，我希望《缝纫机乐队》中关于音乐的态度可以被放大，希望更多的孩子可以享受创作音乐、欣赏音乐带来的快乐。

有一回在国外的街头，看到一架钢琴，上面写着"play me"，你可以随便地去演奏它，钢琴旁松散地排着队，听的人停下来喝彩或起哄，其实都是没有压力的。我希望随着《缝纫机乐队》的上映，孩子们组建乐队不会再被家长担心是在做不好的事情，这就很美妙了。

为音乐而生，为电影而死

因为剧情需要，我们需要建一个庞大的吉他雕塑，高 22.86 米。同样因为剧情需要，它后来会被拆掉，正所谓"为音乐而生，为电影而死"。

这句话是赵英俊说的，《缝纫机乐队》里的大部分歌曲都是他创作的，他也在这部戏里演了一个角色。

赵英俊说摇滚乐就是愤怒，我觉得不愤怒也可以摇滚，我俩激烈讨论，讨论到最后发现其实也都差不多，我想所谓的愤怒是因为你身处自由却感受不到自由，而自由的边界是可以自己划定的，我们都是在追求自由和快乐的路上不停地努力。

还是说回大吉他，这个庞然大物，威风凛凛，经过三个月的建造，站在了鸭绿江边，当我转景回到集安的时候，还没放下行李，就去看它，那第一眼，我有一种想要给它跪下的冲动。

我觉得它有一种魔性，超越现实，却又真真切切在你面前。我觉得它是有情感的，是有生命的。

当时有工作人员在拍摄纪录片，我不好意思，到半夜的时候，我偷偷跑出来，真的给它磕了一个。

我觉得对不起它，因为它是凭空创造出的一个符号，它的价值在于被摧毁，它坚强地站在那里，自己是不知道的。

整个城市也和它成为了好朋友，市民们喜欢在这里拍照玩耍，在它被拆掉的时候，有许多人来送行。

我有些心疼。

想起为了筹备这部戏，我走访了许多摇滚音乐人，寻求支援，最后他们都出现在了电影里，成为路人甲乙丙丁，像是被贴上了印证，让我充满信心前行。

也有的音乐人提出担忧，因为电影里有音乐现场的呈现，如何让它更像是一个现场应该有的气氛，成为难题。这也似乎是超出了我能力范围的事情。

最多的时候，我们有 5000 名群众演员一起参与表演，这些人的组织与排练，就

是非常庞大的工程。

最终结果是令人满意的，是团队协作的结果，当你选择相信别人，他们就会愿意跟你一起协同作战。

拍摄最后一首歌曲的时候，有来自全国各地的三百名乐手一起参与。他们是我们一个一个联络和挑选的，我没有办法一一叫出他们的名字，但是他们在电影里是特别重要的存在。

当我们站在破碎的大吉他下面高歌的时候，我觉得自己也成为了大吉他的一部分。

拍那场戏时，小时候和我一起组建乐队的兄弟们也来了，小时候我们一起唱过开业，唱过婚礼，唱过各种活动，从来没有这么多观众。他们现在已经从事着各种工作了，又重新拿起乐器，感动中还有悲壮。

在这部戏的拍摄过程中，我觉得很幸福，这样一群人努力去创造了一个并不存在的摇滚之城，但又让人无比相信，实在是太美好了。

我和缝纫机乐队

·

对喜剧里的主人公来讲，他经历着的事情，往往是悲剧。

我们笑，其实是在笑他的处境和面对处境时的反应。

但是我也不太认同去夸大喜剧人的忧伤面，是人，皆会忧伤，我相信喜剧人的内心还是单纯美好向上的，不然那些作品就不会单纯美好向上。很多报道里说周星驰先生在生活中是特别忧郁的，我和他有过工作上的交流，我觉得大家可能是误解了。

我不是集体里最能制造欢乐的人，我身边有很多有才华和天赋的工作人员，他们特别活泼，跟他们相比，我几乎可以用比较内向来形容。但是作为剧组的小家长，我有时候需要活跃一下拍摄气氛。

拍戏，就是一群大人在过家家。

缝纫机乐队中的每一个人，都是唯一答案。

乔杉，就是胡亮，内心纯粹，老天爷赏饭吃，他长了一张非常有天赋的脸。

我和他的配合很顺畅，表演节奏总是可以搭在一起，这很美妙。只有和他在一起演戏，我是不需要彩排的，是唯一的。

乔杉有许多第一次都献给了我。比如说，他第一次演比较女性化的角色就是在《大鹏嘚吧嘚》里，他演了一个造型师，名字叫姗姗。他在我安排的录制现场迟到了，他就说："哎呀，姗姗来迟了。"他用一种幽默的方式化解了尴尬。

在《缝纫机乐队》这部戏里，他则贡献了人生里的头一回裸戏。后来我看到《爱乐之城》，还做了一条和里面女主角一模一样的黄裙子给他穿上。当然了，这些都是角色的需要，看电影就知道是怎么回事儿了。

他以为裸戏是有替身的，我跟他说，你得珍惜这样的机会，你人生中拍裸戏的机会不多，应该毫无怨言地配合，毕竟没有人想看到。事实上我也后悔了，那几天他起疙瘩，后期我们花了好几万块钱做特效，把疙瘩去掉了，其实应该找替身的。

丁建国是一个敢爱敢恨的女孩儿，她做了很多极端的事情，娜扎都完成得很好。

我第一次见到娜扎的时候，觉得这姑娘特别自信。她见我第一面就说："我看完剧本了，我觉得我肯定没问题。"

能有这样的想法，非常好，因为一般的演员会觉得，这对我是挑战，我会尽量完成。但她都没有，她就是说，我肯定能演好。

娜扎身上有一股高冷的气质，在我心中很"丁建国"。乔杉说，他就觉得娜扎一

点都不高冷，只是不愿意理我，呃……

有段时间，娜扎学贝斯学得很崩溃，毕竟这种东西不是那么快就能掌握的，她每天都感觉累，但是她坚持下来了，结果就是，赵英俊说娜扎弹贝斯弹得比他都好。这一点我还是真挺佩服她的。

饰演老杨的韩童生老师，是我们最开始设计剧本的时候就已经选定的演员。

韩老师其实是一个年轻人，穿着和想法都特别时髦，我们一起聊剧本的时候，他表示愿意为这部电影学一项从来都没有接触过的技能。

他自己说的，"三十不学艺"，意思是三十岁以后再学新的技能就很吃力了，但他还是连续上了四十几节吉他课，认认真真，魔魔怔怔把吉他拿下了。

他永远是第一个到场化妆的人，也永远是第一个到现场彩排的人。戏有一老，如有一宝。他就是我们剧组的宝贝。

这部戏里头韩老师饰演的老杨，大部分时候都是戴着一副美少女的面具在演奏。这个设定是在剧本形成的初期就已经有的，只不过当时曾经设想过，他在每个阶段的面具是不同的，最开始是美少女，后来是变形金刚，最后是忍者神龟。他用不同的面具来掩饰自己。

几次开剧本会碰撞下来，大家还是觉得只有一个符号会比较有力量，于是就确定了不需要来回换面具，一直保持着美少女的面具。

面具可以挡住脸，但韩老师从来没有用替身，演奏的部分他也要求自己来，韩老师自己的解释是，他有他自己独特的身体律动，身体语言也是一种表达，并不是看不到脸，自己就可以不表演。

真是个大宝贝。

希希是《缝纫机乐队》确定的第一个演员。在构建剧本的时候，我们一直在想乐队里面应该有些什么样的人，我觉得应该有老人，有年轻人，还应该有孩子。

孩子很难掌握复杂的吉他演奏，也没办法短时间内学会打鼓，唯一的合理性就是让她弹键盘。

因为现在的很多孩子都是在五岁左右的时候开始学乐器，家长一定会让他们先去学钢琴，所以我就设定这里面有一个小女孩是键盘手。

希希和我的女儿同龄，她这么早就接触电影的拍摄，需要她做表演的时候，我对她的表演提出要求，感觉还是挺矛盾的。

希希和韩老师，这两个大小宝贝都给予我很大的触动，那是求知欲，是敬业以及自我要求。

饰演炸药这一角色的李鸿其是台湾地区的艺人，他很年轻，帅。

我想，谁都无法抗拒一个可以在大屏幕上打鼓的帅气男孩吧。在集安拍摄期间，他已经圈了很多粉，到最后拍大场面的时候，许多人都是专程为他而来的。

他是一个很摇滚的人，对拍电影这件事儿充满了无限的热情，由于鼓手总是在乐队的最后一排，所以无论拍到前排的谁，都会带到他的镜头，一遍又一遍拍摄，他永远都卖力演出。

因为造型的需要，他的手上会戴一枚金属戒指，有一场戏他太卖力，戒指磨破了手指，不停流血，简直"爆裂鼓手"。

让我印象最深的就是他和我请假的事情。《缝纫机乐队》是群戏，乐队成员经常在一起行动，拍摄期间缺了谁都不行。但是突然有一天，鸿其提出来要请两天假，他说："导演，我必须要走，四月十号和十一号，我必须要回台湾一趟。"

我问他请假的原因到底是什么，他特别不好意思却还是给了我真实的理由，他说："导演，我买了演唱会的票，要回去看演唱会。"

哈哈哈哈，我简直觉得那是有些可爱的，在一个拍演唱会的戏里请假去看演唱会，我实在不忍心拒绝，就让他去了，我觉得我们俩都挺摇滚的吧，那就让这件事情忠于摇滚。

全剧组除了我以外，都不知道他请假的真正原因，我那会儿也没和其他人说。这是我俩的小秘密，因为这个请假理由实在是……哈哈哈哈。

说真的，我挺想把缝纫机乐队在现实里组建起来的，我挺喜欢这群人的。

第三章

梦想的路，我们全力以赴

生活中并不存在小人物，

每个人都是时代的沧海一粟，

同时，

每个人内心的壮阔与波澜又自成一个世界。

傻狗辛巴

苏 彪（《缝纫机乐队》编剧）

辛巴看起来已经很累了，可今晚的拍摄才刚刚开始。

我看了看辛巴那张被褶皱和倦意交替控制的狗脸，又瞄了瞄不远处监视器后眼睛瞪得比还珠格格还大的导演……又是一个通宵，没毛病。

我摸了摸辛巴的头，并给它来了一组自创的英斗颈部"马杀鸡"，这样的抚慰很快便得到了回应，一分钟后，辛巴蠕动着、粗喘着、摇晃着站了起来，它看着我，我看着它，我看着它，它看着我。

5 秒钟后，辛巴的哈喇子甩了我一脸。

辛巴是《缝纫机乐队》的特约演员，在剧中饰演一只名叫丽丽的雌性英国斗牛犬。其实辛巴是个一岁半的小伙子，阉都没阉过。

作为一个喜欢狗以及喜欢除耗子之外几乎所有动物的编剧，我对在剧本中写动物角色这件事儿一向谨慎。因为在我看来，拍戏是一件太辛苦的事，演员在剧组，角色再轻，也是人，而动物在剧组，角色再重，也是道具——活道具。

某天，导演给我发了两张图，一张是法斗，看起来是个乖乖的姑娘，鼻子平平湿湿的，眼中一汪水儿，好像刚刚蜜月归来，满脸的聪颖、柔软和温暖。另一张则是辛巴，黄白交融，肉浪四涌，软趴趴的眼皮下，一双失焦的眼睛中仿佛瘫着八个大字：我吃饱了，我无所谓。

盯着辛巴照片的某一瞬间，我觉它长得特像卡西莫多。

最终，我跟导演建议了辛巴，它更接近我感觉中的丽丽，吃不饱，睡不醒，
不开心，也不伤心，这才是斗牛犬该有的样子。还有就是，公狗的话，更能
吃得了剧组的苦吧。然而，第一次在剧组见到辛巴，我就蒙了。倒不是因为
辛巴是照骗——它和照片里丑得简直是一模一样，我蒙是因为，辛巴并没有主
人——它被剧组买断了。

在确定丽丽角色之前，有人跟我说过，"蜜月法斗"是有主人来剧组精心照料的，
所以，我也就理所当然地认为辛巴也是有主人的，怎料啊怎料，它竟真的和卡
西莫多一样，没亲人，没主人，没归宿。没有主人的狗，在电影剧组里很难混啊，
这可怎么办？对，这可怎么办，这就是我当时的心情。

毕竟，我对辛巴有不可推卸的责任。没有我的剧本、我的建议，以及我那奇怪的、对斗牛犬的刻板印象的话，辛巴这种品相棒棒的教科书般的英斗，说不定已经被去狗场闲逛的王思聪买走了。而现在它却只能在当空烈日的炙烤下，流着哈喇子，看着每一个只愿摸摸它，却不愿抱抱它的人走近又走远，然后，喘得像只狗。

进入到了平稳的 30 岁，我却越来越相信生活随机偶发的那一面。就像彼时的我，前一分钟还在担心今天剧组盒饭是否会有鸡肉，而下一分钟，我满脑子想的却是该如何照顾并安置一只没有主人的狗。

我想养狗，但并不具备条件，我的狗需要具备自己遛自己、自己喂自己、自己洗自己的能力，能替我当当代笔就更好，辛巴那么傻，显然不行。对于傻狗辛巴，我能做的也只是剧组工作之外力所能及地照顾、陪伴、抚摸，并在杀青之前给它找一个家。

但其实我做得并不好，甚至可以说是非常差。在拍摄的两个半月里，作为演员的辛巴被收编到了道具组，道具组组长承诺我，会有专门的工作人员来照顾辛巴，这让我稍稍放了放心。我随机的摸查暗访也表明，组长兑现了他的承诺，辛巴每次出现在片场都有专人负责，不但狗粮管够，每天也都有加餐的生肉可以嚼上一嚼，更加可喜可贺的是，作为一只处于首次发情期的公狗，道具库里有很多体积和小母狗相似的奇怪的道具可供辛巴骑玩摩擦……这般种种，让我有了种错觉，辛巴过得还不错。

电影中，辛巴饰演的丽丽是于谦老师的宠物，只要有于老师的戏，辛巴都会出现。电影开拍初期，于老师几乎每天都在，辛巴当然也日日打卡上班，我和辛巴每天都能见面。为了抚摸辛巴，并奉上全套英斗颈部"马杀鸡"，我的书包里甚至常备一大包湿纸巾，用于伺狗后净手。几天共处下来，辛巴在看我的时候，眼中也出现了和看其他工作人员时不一样的神采，那神采虽然转瞬即逝，但我确定它是存在的。

随着于谦老师表演工作的阶段性结束，辛巴也开始了它的小长假。之后大概十多天的时间，我们都没有再见过面。拍摄中的疲惫与压力几乎让我忘记了辛巴的存在，只有在翻书包并无意触碰到那包湿纸巾的时候，臃肿的辛巴才会偶尔跃过我的脑海，可那时连觉都不够睡的我，宁愿去相信，此时的它正徜徉在牛肉、狗粮和小道具的海洋中嗷嗷欢叫，且并不希望被探望或打扰……

再见到辛巴，仍是在片场。那天的通告单上，丽丽二字赫然在列，正觉欣喜，便遇到了道具小哥牵着辛巴路过。在那一瞬，我恍惚间以为剧组来了一只新狗，辛巴被炒鱿鱼了？辛巴明明看不见肋骨啊？屁股上秃掉的两大块又是怎么回事……

辛巴瘦了，瘦了七八斤。本来就有的皮肤病也扩大了，从原来后背上的一小块，变成了三大块。本来油亮亮的毛，也变得干糙暗沉。我叫了一声辛巴，它循声看了过来，然后拽着道具小哥朝我的方向笨拙而迟缓地跑来。

十几天过去了，辛巴还记得我，这种感觉让我挺高兴，又挺愧疚。道具小哥说，辛巴最近吃得不多，毛也掉得厉害，去了宠物医院，大夫说，这胖狗应该是有点儿上火了，以后有了主人会有好转。

自从那天以后，我对辛巴的担心就大致分为三点：
1. 不好好吃饭，辛巴挂了怎么办？
2. 即便不挂，毛掉光了也不好看啊！
3. 有没有那种专门喜欢掉光了毛的皮包骨的英斗的好心人？

日子就在担心之中一天天过去，好在列表 1，2，3 的事一件也没有发生，虽然辛巴还是没有变回一个胖子，拍起戏来也总是一副"拍完这个镜头我可能就要去死了"的臭表情，可一直没有主人的辛巴，还是挺到了杀青。

更让人欣慰的是，我和剧组喜欢辛巴的"辛巴客"们，给辛巴找到了一个十分靠谱儿的主人，而且，我们再也不用担心辛巴因为智商过低而被鄙视了，因为辛巴的新主人也养了一只哈士奇。

辛巴的新主人告诉我，他们给辛巴起了一个新名字，叫"托托"，意味着托付。但考虑到它可能难以适应，就又叫回辛巴了。其实，他们多虑了，这只傻狗，根本不知道自己叫啥，只要你喊它名字的时候调门高一些，它就会憨憨地转过头看你。

我就叫过它"拖鞋、台灯、肉丸子"，但凡声儿大的，它都回头啦！

托托。
人生中总有那么几个瞬间，你会喜欢上自己。

像胡亮一样去战斗

乔 杉

我和鹏哥认识有十年了，那会儿我演了一个话剧，在里面是个龙套。话剧做发布会的时候，来了一个主持人，留着个"杀马特"发型，戴了个耳钉"华丽登场"，他介绍自己叫大鹏，因为这名字实在太普通了，所以比较容易记得住。

当时我对他的第一印象就是"土"，感觉这个主持人铁定火不了。后来我们聊起来，原来鹏哥对我的第一印象也不咋地，就说了三个字——小胖子。可能连我的名都记不住。

没想到两个在对方眼里根本不起眼的人，最后成了无话不说的铁哥们，一部部戏合作到现在。

2016 年三四月份，鹏哥跟我说他要拍一部电影，是一部跟乐队有关的电影，他说，这部电影非常"燃"，名字叫《缝纫机乐队》，希望我能来出演一个角色。我觉得这个名字挺有意思的，又加上我和他都非常喜欢音乐，年轻时有过音乐梦，如果能在电影里实现一次，也算是过把瘾了。然而创作剧本是一个非常漫长的过程，我只能干等着，等了快一年，在此期间我甚至想过他是不是把我给忘了。

鹏哥的音乐梦可能和"缝纫机"有关，而我的音乐梦，是这样的——

1992 年，我 8 岁。那一年著名的钢琴家理查德·克莱德曼来国内演出，他的出现引发了国内前所未有的学琴狂潮。

我妈就是这追随狂潮里的其中一分子，她也没问我是不是喜欢电子琴，就给我报了班让我去学，那会儿学电子琴的费用挺贵的，而且我妈还特地借了钱买一台电子琴。没头没脑地学了几年电子琴，其实我却并没有多么热爱它，但是却对它产生了一种莫名的感情，于是当上完最后一堂课后，我与它算是正式告别了，直到现在这台电子琴还放在我的东北老家里。

再后来，我长大一些的时候，Beyond 火了。那会儿网络并不如现在这么发达，就连碟片都是稀罕物，我们家那儿的地方电视台里总播他们唱歌的节目。直到那一刻，我终于理解当年我妈为什么让我学电子琴了，我瞬间成为了他们的粉丝。

那时候，我常常想，他们太帅了，而且怎么就唱得那么好听呢，怎么就把词儿写得那么励志，那么让人振奋呢？也是在那会儿，我有一个说出来不怕别人笑话的梦想，我希望将来有一天能够像黄家驹一样，有自己的乐队，可以站在属于自己的舞台上唱歌。只可惜，那时候我没有太多钱去买一把属于自己的吉他，于是我只能拿着一把笤帚站在镜子前，模仿黄家驹的各种造型，一盒一盒地听他们的磁带。现在想想，拿着一把笤帚站在镜子面前，真挺傻的。

很幸运的是，在我 17 岁的时候，买了人生中的第一把吉他。而我就是背着它，最终走进了我向往的校园——中央戏剧学院。中戏毕业以后，我下过农村，摆过地摊，演过儿童剧和话剧，为生活忙于奔波，镜子前那个拿着笤帚的身影也渐渐模糊，但是不管再累再疲惫，吉他依然像一个老朋友一样陪伴着我，提醒着我——在我心里还有一个关于音乐的梦。

等了一年以后，当鹏哥把《缝纫机乐队》的剧本交到我手上的时候，我感觉自己

离这个梦想越来越近了。在《缝纫机乐队》里面，我要饰演的角色是主唱胡亮。
在读完剧本之后，我仿佛看到胡亮和当年镜子前那个拿着笤帚的身影逐渐重合在
一起，而我当年没有走的那条关于音乐的道路，在剧本中，被胡亮一步一个脚印，
艰难而执着地走了下去。我很喜欢这个角色，因为目标单纯的人，总是显得很可爱。

在这部戏里面，为了胡亮的"摇滚人生"，我经历了不少第一次。第一次和大鹏
导演一起拍"床戏"，第一次组了属于自己的乐队，第一次开了一场演唱会，我
还顺便见证了大鹏导演的银幕初吻，这里我就不赘述当时的场面多尴尬了，毕竟
我只是吃瓜群众里的一员，尴尬的事儿让当事人自己说好了。

我能明显感觉到的是，与之前拍摄《煎饼侠》相比，鹏哥真的进步了很多。他变得更加成熟了，也游刃有余了。这部戏虽然拍摄得很辛苦，但是在辛苦的同时，我们也像剧中的角色一样成为了一个真正的集体，一个真正的"乐队"。感谢这部戏让我认识了这些优秀的演员——韩童生老师、于谦老师、娜扎、鸿其、希希，以及台前幕后的所有工作人员，如果没有这个大家庭每一个人的努力，就没有《缝纫机乐队》的呈现。

拍摄过程当中，有笑有泪，当电影里大吉他的雕塑被拆掉的时候，意味着我们这部戏快要结束了。说真的，那天我挺伤心的，我们从早上拍到第二天天亮，淋了一夜的雨，直到最后一刻。虽然知道它只是个道具，但是对它也有感情，我还发了条朋友圈："朋友，今天晚上这帮兄弟们对得起你，一场大雨送你走吧。"

站在大吉他雕塑的面前，那个镜子前挥着笤帚的身影真正与胡亮融为了一体，好像又回到了 17 岁那一年。这种感觉太奇妙，无法用文字与任何言语形容，只能努力把情绪放在胡亮身上去诠释，去演绎，让这个角色和大鹏的《缝纫机乐队》成为我生命中这个夏天不可或缺的一部分。

电影结束了，我们在这部电影里塑造的人物也随之结束了，与其说我们是在拍电影，不如说是一帮人一起做了一场美梦。希望看到《缝纫机乐队》的观众朋友们，像胡亮一样去守护自己内心想要坚持的东西，也希望，他能帮你找回曾经那么一点点追梦的心。

我想，这也是《缝纫机乐队》故事的初衷。

亲爱的建国
——致平行时空中的你

娜　扎

亲爱的建国：

你好，我是娜扎。分别有一阵子了，嗯，有点想念。

第一次听到"丁建国"这个名字，我就觉得你是个很酷又有个性的女生。得知要在戏中饰演你这个角色的时候，我还是蛮兴奋的。你大胆执着地追求自己的梦想，你的生命热烈绚烂又富有感染力，你是如此的敢爱敢恨，作为同龄的女生，我喜欢并且欣赏你。

或许是都有着同样执着的灵魂，都有着天马行空的想法，我和你非常有默契。感谢与你的相遇，感谢你让我感受了一次为梦想淋漓尽致燃烧的痛快，虽然短暂，却是一次非常难忘的体验。你是丁建国，我是娜扎，虽然我们都一样平凡，但是我们都足够特别。

你是个专业的贝斯手，对音乐极具天赋；我是个演员，在音乐上完全是零基础。为了能像你一样把贝斯弹好，从筹备期我就开始接触贝斯，跟随剧组指派的专业贝斯老师学习。从一点感觉都没有的小白，到能够"煞有介事"地演奏，我一直在努力向你靠近，希望能尽自己最大努力去还原你应有的样子。虽然中间因为别

的工作安排中断过练习，但我脑海中始终有你的影子，总是会魔怔地想起你。学习乐器的过程中我也体会到了音乐的魅力，越来越能感觉到你在舞台上肆意挥洒的畅快，我觉得我越来越了解你了。

遇到你之前，我从来没饰演过这样的角色，一直在揣摩该如何去诠释，但好在我们的导演兼"造型指导"大鹏也一直都在帮我解读你，让我更好地理解你。第一次去定妆我惊喜地发现，原来除了性格上有相似外，你的穿衣风格和我平时私下的喜好出奇的一致！我们有很多相同的单品还有同样的丸子头！哈哈，原来我们都喜欢简单舒服又带有自己个性的衣服。嗯，有点更加喜欢你了。

这部戏是我们的导演大鹏（对，也是你们乐队经纪人程宫）的第二部电影。大鹏一直是一位细致且富有才华的导演。大概是用心的人往往会有比较大的压力，细致的人都有那么一点追求完美。但我想你应该和我一样能够理解他，因为他越是追求完美，对我们要求越高，就越是在对我们负责，也是在对你负责。

有一场天台的戏，我想你一定记忆犹新。北京四月的晚上天还特别冷，而那场戏我又偏偏穿着一条短裤。四月的冷风吹过来，我就一直止不住地发抖，我们拍了几遍，大家都觉得可以了，但大鹏觉得还可以更好，于是就这样拍到天快亮了，但后来大家看回放，的确是有不一样的惊喜，所以大家也更信赖大鹏的判断和想法。通宵拍戏的那段时间，虽然大家都很辛苦，连轴转了那么多天，但是累并快乐着，希望所有人的付出都有回报。

说真的，建国，我特别羡慕你能和这样的一群人组乐队，也特别感谢你，把这样

一群亦师亦友的可爱的人带到我的生活里。像程宫一样，私底下大鹏也是一个非常幽默的人。你肯定不知道，我和乔杉在一起聊天的时候，他总跟我们说，你们俩别聊了，我跟建国才是 CP。

饰演胡亮的乔杉私底下也非常逗，跟他聊天很轻松，大家情绪低落或是被困在一个状态里无法走出的时候，他总有办法让你捧腹大笑。我觉得他真的是为喜剧而生的人，非常有喜剧精神，仅仅是坐在那里什么都不说，只是一个眼神就让人忍不住发笑。

韩童生老师工作中也是可爱又敬业的前辈。他和我一样，是零音乐基础，进组之

前他也专门学习了吉他。可是他比我走火入魔得多，经常对着空气都在练习弹吉他。拍戏过程中，作为一位资深的演员，他对自己的要求也非常严格，谦逊又细致，一熬几个通宵从没有一丝懈怠，我们都发自内心地敬佩他。

还有和你一样很酷的炸药，你是不是也被他专心打鼓魅力四射的摇滚精神所吸引，同时也被他的痴情和专一，还有坚持不懈执着地寻找丽丽的精神感动得一塌糊涂呢……

而我最佩服的是，你的魅力真大，乐队里的小姑娘希希总操着一口东北腔夸你漂亮，我常常就当她顺带也是在夸奖我了，嗯，有点自恋了，哈哈。

说了这么多，其实我最想对你说的还是感谢，感谢你给了我这样的一个机会，能够在你的青春里走一回，很美好，也很热血。是你让我知道了很多关于摇滚的故事，听了很多从前没有听过的音乐，让我对摇滚音乐有了更加深刻的了解。建国，通过你，我爱上了摇滚音乐，也明白了青春本就该用来大胆追逐梦想，而不应为了一点小事犹豫退缩。你的故事鼓舞了我，而我相信，你的故事，一定也会激励更多的人。

哦，对了，建国，认识你以来，一直是你在为我们弹奏。等到有一天，你有时间了，我也想为你弹唱一首《丁建国写的歌》。

爱你的娜扎

某一段的摇滚时光

李鸿其

记得某个冬天，我在台北接到经纪人的电话，她告诉我："有位导演想尽快与你碰面。"事隔两天我来到了北京，与这位急着见我的导演碰面，而他就是大鹏。当天我们约在酒店餐厅，我一坐下，大鹏就从包包里拿出一副黑色鼓棒，然后用双手诚心地送给了我。当下我的感觉，这似乎是一种仪式，果不其然，故事就这样开始了。

他告诉我，他找炸药这个人已经找了非常久，一直都找不到，直到有天凌晨三点，他看见朋友圈姚晨正分享我的资料与打鼓视频。而在角色的设定上似乎都与我雷同。
一、 要外地来的。
二、 要会打鼓。
三、 要会演戏。

当时心想，这不就是我吗？此时，导演的注意力突然从我身上转向旁边的驻唱歌手，然后一直说着："唱得真好！"虽然当下我有点傻眼，但是我看到他对音乐的某一种品位与热爱，我心里就已经清楚知道，这一部电影，如果他拍出来，一定会是非常的精彩。

2017 的 4 月我正式加入了缝纫机乐队。老实说刚开始我对角色的诠释有许多的不适应，因为我在拍摄时发现，我对文字的理解竟然与大家截然不同。事后导演跟我解释后我才发现，原来炸药这个角色竟是一个无拘无束、自恋、自大、狂妄，甚至为爱走火入魔的人——跟我当初设想的那种艺术气息浓厚的旅行艺术家真是天差地远，包括我对自己个性的了解，我觉得在诠释上或许会有某些尴尬。因为我认为只要你能表演出来的动作，那就代表着身上存在着那一部分，或许是我不想承认那一面吧。但在某次拍摄打鼓时，我突然之间欣赏起炸药的个性，因为我想到过去的我本来就一直很向往"不在乎别人眼光""做好自己""并相信自己的才能"。那次之后，我与炸药似乎就相处得非常愉快，也在炸药身上学习到许多对事情的看法。因为自己的生命，本来就不是为了符合更多人的期待，因为我是为了我自己、家人、爱人、朋友……

炸药搞定后，接下来就是乐队成员了。过去我所演出的角色都偏向于一个人物去对抗外在事件，而这次不同，我们是一个乐队，大家做的事情都必须紧密相连，因为乐队在某方面来说，就像个家庭，必须要培养着某种默契与节奏，然后一起去对抗外在事件，而不是我一个人单打独斗。

在演戏过程中，我也常常发现每一个乐队角色都有非常可爱、善良，并且值得学习的地方，就举例吉他手老杨吧。现代社会的年轻人要完成梦想其实就有许多的难度了，过程中或许会半途而废，甚至藏起心中的梦想，或当没发生过。但在老杨身上，我看见了即使他已经当了爷爷，梦想这件事情已经是好几十年前的事，但他却把梦想天天摆在眼前，提醒着自己，哪怕身体不如从前，但只要梦想这颗种子还在，动起双手浇起水来，这颗种子或许在某一天就会开花结果，或许两年，或许三十年，只要你愿意相信。

每次我与朋友分享我正在拍摄《缝纫机乐队》，演鼓手，大家总是回答我同一句话："演自己就好了啊！轻松！"听到这种话，真是想一巴掌打下去！第一，我深深认为，演自己才是最难的。因为我自己从不知道我是怎么样的人。看别人很

快，看自己很难。像我的生活中，有时突如其来的举动，事后总是会让我惊讶。因为了解自己，很难。第二，虽然我是一个鼓手，但电影始终是一种影像上的艺术。就举例来说，我在 Live House 演出，第一个考量绝对就是音色上的诠释，因为大家是为了好听的音乐而来的。当然，也有纯粹只想看帅哥、美女、追星……那另当别论啰。

电影始终是影像上的艺术，所以在拍摄打鼓时，为了画面某种程度的张力，必须使劲全力狂敲！敲到鼓棒断！敲到手出血！哪怕打不动……用脚踹镲片，这都是最美好的诠释。

电影的后半段，我来到了集安，一到酒店放完行李，我就先走到我们电影中所建造的 22 米高的大吉他前。那时候我看着大吉他心想，电影真的是一个造梦的行业。像是《缝纫机乐队》里面的所有场景、灯光、色彩……基本上都与现实生活中的有一定的落差，但是放在电影里面，却是如此的真实，我们就像创造了一个乌托邦一样。哪怕我们的表演是如此的荒谬搞笑，但却可以扣人心弦，哪怕电影里的动作是世界上不可能发生的事，但却会让你感到五味杂陈，甚至投射在自己的生命当中。

记得某一天，我们拍摄最终演唱会的场面，当天请来许多的国内乐队一起完成，将近千人。连续拍了几天，刚好就在最后一天，开始下起大雨，无法拍摄，这时我看见大鹏的背影，他静静地坐在那儿看着监视器雨中的画面，这时我心想，如果我是他，或许我就会妥协许多美好的画面，因为现场有将近千人正在待命，这群人不是演员，而是乐手，一千多位老师。而大鹏就像是将军一样，是随时都要最准确发号的司令。当时我不断猜测他心中到底在想什么，还是猜不到，但我清楚地知道，他的目的只有一个，就是打赢这一场胜仗，做出最好看的电影，即使现在心里很慌很忙，他也不会流露出他自己的情绪。因为创作从某方面来说就是孤独的，电影里的世界，只有他的脑袋中最清楚，而我们能做的，就是全然地相信他。

电影拍摄已经到了尾声了，我看着大吉他从盖好、拆除、崩坏……最后变成平地。有人问我："对于《缝纫机乐队》的拍摄最后，有什么想分享的吗？"

老实说当下我也不知道该讲什么，但我的脑海中却出现了大吉他的画面，我思考了一下。

大吉他就像我们曾经的梦想一样，陪你哭、陪你笑，虽然它不能陪你到最后，但在生命中，它确确实实存在过，希望你永远记住它。

我所理解的摇滚精神

韩童生

第一次听到《缝纫机乐队》这个名字时，我不确定它是一部怎样的电影。但是作为一名演员，对任何人物或者事物充满新鲜感，是基本的条件。乐手，或者说音乐这个领域，是到今天为止，我的演艺生涯没有碰触过的，所以接演这个角色的很大一部分原因，是因为有尝试的欲望，想趁着这个机会学习一下。

你看到一个人出名或者成功，自有他的道理。大鹏他其实很聪明，一个从小城市走出来的摇滚青年，到今天能够亲自导演自己喜欢的戏，有那么多粉丝支持、关注他，这个历程就无须多说什么了。我也看到一个年轻人成功背后的努力与辛苦。有一天我们拍雨戏，他躺在地上，嗓子都哑了，还在无数次地重来，当然他背后经历的一定比这个还要苦得多。

大鹏的这部作品是值得让人期待的，摇滚真的是深入他骨髓的。拍摄间隙的时候，他弹吉他小唱一段，就是最好的休息了。我很佩服他的精力，他的精神也感染了很多人。他吃过苦，对于他的专业来讲，他有条件去表达自己想要的东西，这样的年轻人我觉得是这个时代需要的。要让他这个精神去鼓励同时代的年轻人，我们要走一些不平坦的路，实现目标的过程会很辛苦，即使这样也有可能实现不了的。但是你要知道，不努力永远实现不了你的目标，这是肯定的。

让我们回到电影本身，这部电影讲述的是摇滚精神，还有几个背景各异的人从集安这个梦想生发的地方出发，为了理想去奋斗的故事。这使我看到我自己年轻的时候。当然，我年轻的时候远没有现在"80后""90后"的年轻人们这么活泼，思想也没有他们这么活跃。我们那个年代是比较沉闷的，但是我被大鹏以及这个集体感染了。

这个团队里都是年轻人，最小的是"00 后"，稍大点的也就是"80 后"，和他们相比，我的年纪是最大的了，但我特别想和大家掺和掺和。一方面呢，是我需要重新深入到一个老乐手的内心，看到这个乐手他年轻时候的梦想，以及他对摇滚精神的理解；另一方面，通过和今天这些年轻人的学习，能让我更加了解现在这个时候，以及这样一批追逐梦想的年轻人。

老杨这个角色，在剧中被封为"吉他大帝"。显然他在音乐上是颇有造诣的，在吉他的技法上呢，他应该是很娴熟的，但是因为年轻时的一次表演，突然发病昏倒在台上，所以他只能急流勇退。家里人的反对，使得他很不情愿地离开了摇滚的舞台。那么当剧中的胡亮（乔杉演的角色）和经纪人程宫（大鹏演的角色）准备组建乐队的时候，老杨被他们所感染，背着家里人出来参加了缝纫机乐队。这个故事我觉得挺好玩的。

老杨身上最难能可贵的一点也是最激励人的一点是，一个人年轻与否，不取决于他的年龄，也不取决他脸上的皱纹，而取决于一个人的心态。那么通过这部片子，许多喜欢摇滚的年轻人，或者像剧中老杨这样曾经被摇滚激励、如今年事已高的这些人，他们依然可以被摇滚那种音乐精神所激励、所震撼！

整部片子，有喜有悲，又充满了正能量。所以我想说，从观赏性来说，不管是我这个年龄段，还是年轻的人，都应该是非常喜欢的。我想这部电影，以及它所体现的这个摇滚的精神会在音乐史上，说得大点，或者在电影史上是有它一个位置的。这部片子也间接实现了很多对摇滚充满热情的年轻人的梦想，激励他们继续为自己未实现的梦想去努力。

老杨虽然沉寂了一段时间，但是他的心里还是涌动着那股情结的，甚至在他做回他的老本行妇科医生的时候，他工作的地方还珍藏着他心爱的吉他以及每一件乐器。我想这个人他没事就在听，手也在不断地复习自己的指法，这是他的一种习惯，也是对于热爱的情不自禁。他的梦想其实一直没有磨灭，只是一直没有再次实现的环境。就像一个法国演员描写一个老演员，说这个老演员的表演就像一堆炭火，你肯用东西去拨他，他马上就会燃烧起熊熊的火焰。我想这对老杨这样的一个老乐手来说，形容也是非常恰当的。

我一生对两种职业特别的钦佩，要仰视，一个是美术家，一个是音乐家。我自愧自己在音乐方面，不如大鹏和乔杉。他们作为演员来讲，在这方面有那么深厚的底蕴，对于表演角色以及他的人生是很有帮助的。

我们那会儿是跳忠字舞，我所接触的呢，也是二胡这样的民族乐器。像是吉他这种西方引进的，又是这么强烈、剧烈的乐器，我没接触过。而且就吉他来说，它的六根弦需要充分地调动一个人的大脑和小脑。所以掌握这种技艺的人，我是非常佩服的。不是都说弹钢琴、键盘这些指法多的乐器，有益于神经末梢活跃，也能预防老年痴呆嘛。于是我报了个吉他班，学习下乐器。这也算是另外一个收获。

在戏里，老杨是吉他大帝，但很显然，我不可能在很短时间内具备那样的成就。但是总得有三分像吧，我觉得自己还是有这个决心的。我在小半年内，上了四十几节课，吉他老师也一直跟组在教我，在每一段电影中表现的画面，哪怕达不到很流畅，至少指法是正确的，不至于让内行的观众还有真正的摇滚人太笑话，我觉得自己必须全力以赴。

但是学习的过程当中，我觉得"三十不学艺"这句老话还是对的，毕竟年龄大了一点学起来费劲儿，但是这个过程我还是很享受的。我想即使我痴呆的话，应该也会推迟一些年吧，学吉他让我延缓了这个过程。

演员其实是非常脆弱的，一点的否定，一点的批评，都可能会影响到他的发挥和对人物的呈现。导演在这一点上还是很爱护演员的，每一点微小的进步，他都及时地给予肯定，这对演员的表演是非常有帮助的。而且在拍摄过程中，我的压力还不仅在于我对吉他这种乐器的陌生，更多的还是，在我眼前站着的都是一些大师，他们弹得太娴熟了。尽管我是一个老演员，但是让我在他们这些人面前班门弄斧，这一点我心里是有障碍的。经过导演及时地肯定和鼓励，慢慢我变得自信起来。

我年轻的时候也听摇滚乐，但是不如现在的年轻人听得多。我第一次听摇滚乐就是听崔健，当时大家都觉得很神秘，因为那时摇滚刚引入到咱们国内来。崔健是何许人也，为什么有那么多的年轻人那么喜欢他？有一次我有个机会，去看了一场演出，那是三十年前的事情了，我一进去都傻了，我第一次觉得，演唱会是这样看的，摇滚乐是这样欣赏的。没有一个人是坐着的，还有些年轻人摔酒瓶子……我就觉得太疯狂了。

那场演出没有演完，因为现场太热烈，太疯狂了，就怕秩序出问题，所以就先终止这场演出了。我觉得还挺扫兴的。

为了让我能更快地融入电影中的角色，大鹏带着我去看了一场二手玫瑰的演出。那是我三十多年之后重回剧场欣赏摇滚乐。仍然是没有一个人坐着，荷尔蒙迅速释放，我的心脏病都要犯了。

进入拍摄之后，我才发现，已经很多年没碰到过这样的剧组了。大家很拼，导演
首先就很拼。因为一部作品就相当于是他自己的一个孩子嘛，每个人都希望孩子
孕育的时候营养很足，大鹏也是这样的。这是他的第二部作品，二胎。我从大鹏
身上学习到一些东西，他是很具有感召力的。

我从鸿其身上也学到很多，鸿其本人是"90后"，但是他的思维、对摇滚的理解，
包括对社会的某些看法，我觉得都特别尖刻。这个水准不是他这个年龄应该有的。
鸿其得过金马奖的最佳新人奖，他的表演里有一种反叛，也有他自身的一种儒雅
和涵养。他鼓打得很漂亮，最自信的就是他了。

每个人都有年轻的时候，可能有时候我们反过来看觉得年轻的时候有些行为挺可
笑的，而我们今天还要为当年我们有那份激动、那份反叛而竖大拇指，更给这一
代人竖大拇指。在那个年代，你没有这样的精神，就活得太无味了，我觉得就该
是这样的，我们这一代人就是活得太压抑、太保守、太传统了，有这个机会都不
知道怎么去宣泄，怎么去抒发。摇滚乐给我们提供了一些这样的形式、渠道。

摇滚的精神我认为就是对理想的追求和向往。把自己的痛苦、彷徨、愤怒、失落，
大胆地宣泄出来。每个人理解的摇滚精神可能不同，我是这样理解的。永远保持
这种心态，永远不满足，永远清醒保持对现实的认识，你活的状态也会不一样。

爱搞笑的男孩运气不会太差

岳云鹏

有天大鹏跟我发微信，很直白地说："我需要你，你来吧。"

朋友有难，八方点赞，点完赞我就来《缝纫机乐队》剧组了。这是大鹏的第二部电影，《煎饼侠》的成功让这一部更加万众瞩目，大家都好奇他这部戏会拍什么。

刚听到电影名字的时候，我觉得它应该是一部跟乐队有关的电影，应该挺嗨。至于为什么叫缝纫机乐队，我想可能跟大鹏他妈妈有一定的关系，但有一点可以肯定，这部戏一定是喜剧，当然，这都是我瞎猜的。

《煎饼侠》开拍到现在，已经过去三年了。我七八年前第一次见到大鹏的时候，对他最大的印象是，有点显老。现在，他更老了。他拍《煎饼侠》那会儿在现场总是打打闹闹跑跑跳跳，这次却没有了，他没那么爱作了，成熟稳重了许多，看来皱纹不是白长的，专治各种作妖。

我在剧中是一名钢琴老师，名字叫乔大山，是一个严重怕老婆的角色。当然了，谁有个跆拳道高手的媳妇儿估计都得怕。

而我的造型，太一言难尽了，我的天哪，我一到片场就被大家盯着笑，我自己也觉得好笑，有人说我在戏里看上去像戴玉强老师，又有点像狮子王，反正一点都不岳云鹏了，但我觉得谁都不像，别人可以不尊重我，我得尊重别人。

在剧中我的闺女希希是一个键盘手，为了完成她的梦想，我跟我媳妇儿斗智斗勇。乔大山这个角色在现实生活中跟我基本是完全不像的，我不像他那样怕老婆，更不会在一顶假发里塞存折和银行卡，真要说有相似的点，我想可能就是，我们俩都愿意为了自己闺女的梦想去奋斗，并且无条件全方位支持她去实现自己的梦想。

总的来说，这是一个比较讨巧的角色，但是观众是否觉得他是一个讨巧的角色，那就看我努不努力了，当然即便观众们否认了我也不管，我觉得我演得挺好的，毕竟我牺牲已经很大了。

非常高兴能参与到我的老朋友大鹏的新电影《缝纫机乐队》里面来，并且和很多优秀的演员一起合作。我个人非常喜欢韩童生老师，他在我心目中是一位艺术家，我看过他很多的戏，他是国家话剧院的一名出色的演员。我们相声演员有很多是要跟话剧演员去学习的，学习他们对舞台的把控、人物的掌握，等等。这次见到韩老师，他在生活当中又是一个非常含蓄的人，非常的谦虚，有太多值得人学习的地方。他在电影当中演一个吉他手，非常非常刻苦地练了好几个月，就为了完美演绎这个角色，这一点非常值得我们学习。

而大鹏在片中所传达的摇滚精神，我觉得特别棒。在最后，我也不想祝福大鹏，因为大家都知道，爱搞笑的男孩运气不会太差，况且他又那么认真，命运不会亏待他。

我们这一家

曲隽希

我叫希希，今年八岁，在电影《缝纫机乐队》里扮演键盘手希希。

她是一个爱学习、爱弹琴的姑娘，这一点我俩特别像，而且性格都很活泼可爱，这点无论是剧组里的导演、乐队里的哥哥姐姐都非常赞同。他们经常夸我聪明，说我跟着音乐就有节奏，我想，可能是因为我比较爱扭屁股吧。

在电影里演我爸爸的是岳云鹏哥哥，他是一名钢琴老师，所以他特别支持我学钢琴，总是偷偷地教我弹钢琴。我的妈妈是代乐乐姐姐演的，她是一名跆拳道高手。

我的爸爸有着一张小胖脸，头发老爆炸了，特别长，特别卷，不像妈妈，一头短

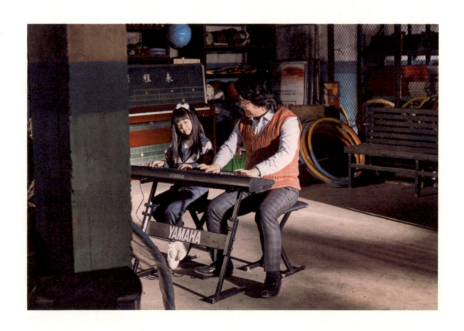

发，当然了，他的头发是用来藏存放他私房钱的存折和银行卡的。当看到爸爸从头发里掏出这些的时候，我感觉爸爸很不注意自己的形象，他以前是不会这样的，但是我觉得他又特别勇敢，因为他以前一直把东西藏在头发里，但是为了能让我跟着乐队的哥哥姐姐们去表演，甩出了自己的存折。

妈妈特别惊讶，她不知道爸爸头上有这么多的钱。虽说妈妈以前对我爸总是特别凶，但是她发现我特别爱学钢琴的时候，她就让我学习了。他们俩我都很喜欢，因为他们俩是世界上最爱我的人。

在戏外，代乐乐姐姐会拿出手机，放一个视频，我们俩一起练习做瑜伽，我们俩还会比赛看谁跑得快。而岳云鹏哥哥虽然不会和我玩什么游戏，但是他总会给我捎好吃的，他总爱带鸡腿给我吃，反正我吃不胖。

而我现实里的爸爸妈妈一点也不凶。我爸性格老好着呢，他也不会藏钱，因为我天天检查他。在拍戏的时候，我还挺想他们的。好在拍戏的时候，我挺开心的，大家都在一起，可热闹了。

虽然说我演的是个键盘手，但是我之前根本就不会弹钢琴，为了这部电影，我学了半年多，平常都是照常上课，周六日去学钢琴，累了就休息一会儿，不累就再练一会儿。拍戏结束后，回到酒店里，也会弹一会儿钢琴，再写一会儿作业。拍完这部戏，我也喜欢上弹钢琴了，我会一直弹下去的。

记得有一次拍摄，我的膝盖出血了，那时候大鹏哥拽着我的手跑，不小心绊了。

跑起来的时候，膝盖特别抖，但是只能一直往下跑。喊 CUT 的时候我才哭，因为我知道拍戏不能哭，然后大家都在安慰我，娜扎姐姐说，希希最漂亮了，我一听到她说我漂亮，我就不行了，虽然我没她漂亮，但是我还是觉得特别开心。导演也跟我说，希希你最棒了，你要坚持住，所以我就坚强地不哭了。

我平常很喜欢和娜扎姐姐一起玩，因为她特别漂亮，也很喜欢跟人聊天，每天都开开心心的一个人。她特别温和，因为在戏里，她的腿受伤了，看上去就像是假肢，然后她动起来特别严肃，表面上看着特别美。

而导演，就是特别帅的一个人，我第一次见导演，是在 ROSE，跟他一起吃饭，当时觉得他老帅了。拍戏的时候特别认真，我特别羡慕他，老崇拜他了，因为他会把生活中的故事导成电影。

他对我一点都不严厉，对大家都不严厉，但是对乔杉哥哥会严厉一点。他讲戏的样子特别认真，会说谁谁谁都干什么，然后摘下眼镜，腿一伸。娜扎姐姐正跟乔杉哥哥说话呢，他们俩一说话，导演就说，哎，你们俩不能说话，来来来，来演戏。因为在戏里，导演是和娜扎姐姐处对象的，他会说不要打断他们俩的爱情故事。

导演拍戏的时候特别严肃，但是在休息室的时候又特别开心，是两种状态，这是我对导演最深刻的印象。我们大家在一起的时候，说话都特别逗，哪怕一起熬大夜都很开心。

在剧组，因为我年纪最小，大家对我都非常好，都很照顾我。但是杉哥对我最好，平常我就会坐在他的腿上，有时候我正坐着呢，他滑倒了，但是他都没跟我说什么，他说你接着坐吧。而且，他有好吃的东西也总会分给我。他平时郁闷的时候，我会说东北话，而且，他很好哄，只要你说他帅，他就开心了。他特别摇滚，唱起歌来总是挤眉弄眼的。

因为我是东北人，说起话来东北口音特别重，导演说我把整个剧组都带跑偏了。现在鸿其哥也不说台湾话了，他特别爱学我讲"ne 了要 ci 肉"，一整天地说东北话，还老学我的口头禅，"哎呀我的妈呀，你咋地呢，你要上天不"，老搞笑了。这一点儿都不像是戏里的他，戏里他打鼓老帅了，手心冒汗也在打。他总是很用力，是全剧组受伤最多的人，因为打鼓，手上起了很多的疱，他就用剪刀剪下去，抹

点药就完事儿了，然后就感染了。他抹药的时候浑身都在抖，还在踹鞋子，感觉他很疼，那时候我就在他边上看着，有点心疼他。我问他，是不是可疼了，他会说不疼不疼，其实我知道他是在安慰我。

而老杨的扮演者是韩童生老师，对我特别照顾，他也是平时关心我们演员最多的人。而我们这帮人里，有的人酒量好，有的人酒量不好喝点酒走路就晃悠，我的"酒友"是谦哥——于谦，他总爱跟我说，希希啊，你要勤奋，然后多吃点。

拍淋雨戏那天，我没有去，老难受了，我都睡不着觉了，我也想去淋雨，但是我没去成现场，他们都说太冷了，冻死了。

拍戏的这段时间，我已经觉得我们这个乐队是一个家了，大家都是一家人。希望大家可以支持《缝纫机乐队》，你会爱上摇滚的。

少年的烦恼

周冬雨

真要说起来，在大鹏哥还不认识我的时候，我就认识他了。

以前每次不开心或是看恐怖片觉得害怕的时候，都会打开《屌丝男士》来缓和一下，看了真的会让人忍不住发笑，所以我特别喜欢他。

没想到有一天，突然就合作了，我和他一起演了一部电影，叫《奇门遁甲》。有机会能和一个经常让你大笑出声的人合作，真是件很有意思的事。

我第一次见到他时，觉得这个人既客气又温柔，一点都不像《屌丝男士》里营造出来的那种浮夸的感觉，太沉稳了。后来才发现，之所以产生那样的错觉，是因为我跟他不熟，熟了之后，好吧，好像他依然很沉稳，哈哈哈哈。

剧组平时没戏或者休息的时候，我俩总爱在一起聊天，或者说，是我跟他聊天——他话比较少，都是我在说，什么事儿都会聊一聊，而我也喜欢把我少年的烦恼跟他诉一诉。

我一直都把他当长辈来看待，再加上在《奇门遁甲》里我们的角色关系，感觉像是父女，他索性就叫我"女儿"，我也干脆就尊他一声"父亲"。

在电影方面他有着特别的品位，鉴赏能力也很高。平时我想看电影只要告诉他类型，他总能给我推荐各式各样的电影，他是我的"片人"，就是推荐影片的人的意思。

刚听到《缝纫机乐队》这个名字的时候，因为有"缝纫机"这个词，我觉得应该

是一部年代片，跟了"乐队"俩字儿，那可能是
一部爆笑的音乐片。直到看完剧本，我才意识到
我太天真了，这完全是一部爆笑又励志的音乐喜
剧片。

作为一名年轻演员，我也有我的烦恼，比如说，
我知道有一部分人总认为我是本色出演，但其
实不是。于是大鹏哥邀请我来串戏的时候，我
立刻答应。因为看完剧本之后，我本以为彤彤
这个角色特别"杀马特"，可导演却说我会错
意了，这个角色很酷。

确实很酷，彤彤有着我没有的花臂，还有个很酷
的职业——文身师，面对喜欢自己突然表白的炸
药，把自己家狗的名字告诉人家，是一个挺不着
调又有点叛逆的小姑娘。

虽然只是客串，戏份并不多，我却和其他演员一
样，真心希望这部戏能够在让大家大笑之余，也
给人带来力量。因为我能真切地感受到每个演员
的表演都非常认真，并且吃了很多苦。而导演也
并不松散，作为一名演员，可以随性，相对轻松，
但是作为导演，身上承担着更多的责任，比做演

员累多了。"父亲"选择做一名导演，我想可能会很累，但是只要观众大笑，就是对他最好的回报。因为他是在做一件自己一直想做的事，没有不全力以赴的道理，这件事，与梦想有关。

之前我们在拍摄《奇门遁甲》的时候，在片场，他与李治廷两个人，总会一起弹吉他，一起对歌。"父亲"常跟我们说，他的梦想就是做音乐，小时候他幻想着能够组建一支乐队，但是一直没有实现。这部电影是他梦想的投射，也是他圆梦的一个通道，我作为一个亲人，哪怕只能尽自己的微薄之力，也要帮助他。

虽然人生总有烦恼，但我相信，在未来的路上，他能够解锁更多的梦想和技能。

人生在世，痛快二字

于 谦

我十几岁的时候就开始接触摇滚了。那个时候摇滚刚进入中国内地，而我正处于青春期。十几岁的我是挺内向的一个人，性格比较蔫儿，用我身边的人的话说就是这个人没有刺，不会伤人。但人的外表并不代表他性格的全部，其实我内心里也有躁动的情绪。

接触摇滚乐之后，感觉内心的很多东西被摇滚乐带出来了，迎合了我很多不足为外人道的东西，说是负面也好积压也好，反正都一并连带着给释放出来了，所以一下子就喜欢上摇滚了。后来的这些年也都一直在听，并且，我现在是中国摇滚协会的专家委员。

中国摇滚协会成立于 2016 年，它叫中国乐势力，旨在把摇滚人都集中到一起，成立之后做了一系列的全国性的演出活动。而我之所以愿意融入摇滚圈，其原因再简单不过，因为自己本身就喜欢摇滚乐，又加上协会里的这些成员都是我多年的好朋友，我愿意跟他们混在一起。

前段时间，我和黑豹乐队在四川卫视《围炉音乐会》中做了期节目，名字叫"黑豹乐队新专辑的首场演唱会"。我跟整个黑豹乐队的朋友都很熟，还上台跟黑豹乐队最新的主唱张淇合唱了一首叫 **Don't Break My Heart** 的歌。他们的鼓手兼经纪人赵明义、杰哥、彤哥这些人也都是老熟人了。

这让我想到了很多往事。前两年，黑豹前主唱栾树在青岛举办了首次作品音乐会，他专门邀请我去唱了一首歌叫《怎么办》，沙宝亮、周晓鸥、陈明、景岗山我们这几个人还合唱了一首《礼物》。二十周年的时候，我们特地把这几个哥们儿请到台上，又唱了这两首歌。我们喜欢在一起玩，也常常在一起喝酒，侃侃大山。

我和栾树还有一层更深层次的关系，就是我们俩都养马，家里都养了很多马，他在马术方面教会了我不少经验。栾树养马比我早，他在黑豹最火的时候急流勇退，退出后就到澳大利亚去学马术了。我特别佩服他，从音乐人转变为去学马术，学成回来之后就是全运会冠军，自己马术玩得差不多了，投入到音乐里面来，又是音乐第一人。这个人太神奇。

这一堆好朋友，关系很深，错综复杂，之所以能玩到一起，相同的兴趣爱好是一定的。

我和大鹏很久之前就认识了。那会儿他还是记者，尚且没拍电影，也还没当导演，是个努力上进的年轻人。这些年来，我看着他拍《屌丝男士》《煎饼侠》，再到现在的《缝纫机乐队》。

我们更多的是在一块儿玩，有天大鹏找到我说："谦哥，我这儿有个角色，我觉得挺适合你。"那就看看嘛，本子厚厚一沓，我看完本子之后特地去了他的工作室，和他对了一下戏。他挺高兴，就这么定下来了。

虽然是朋友，但是大鹏之前拍的作品我未参与过，不是很了解。这次进来之后我触动很大，我没想到他能够把电影做得这么好。他年龄虽然不大，但是有很多地方值得我们学习。正所谓，英雄莫问出处，流氓不论岁数，得道有早有晚。他的执着、严谨与一丝不苟，都非常值得我们学习。

有天赵明义到现场来探班，回去我们俩喝酒聊天。说到大鹏，我和赵明义一致认为他是一个很有涵养的年轻人，在拍摄现场我就没见他急过，也没松过。但凡我们自己觉得某个镜头不合格，他就说："好，咱们再来一遍。"非常有耐心，类似于"你们怎么回事"这样的话从来没有说过。

我在电影里饰演的角色叫老孙头儿，本名孙大力，有点小钱，在摇滚之城里经营着一家连锁超市。当年破吉他乐队的轰动与震撼，让年轻的孙大力也有了一颗摇滚的心，很可惜，破吉他乐队解散，摇滚没落了。直到有一天，自己的家乡突然出现了另外一支缝纫机乐队，他决定追随，并且投入其中，拿出自己全部的精力、财力和物力来支持这支乐队，对缝纫机乐队走出小乡村起到了极大的帮助作用。

跟其他角色相比，老孙头儿挺浮夸一人，因为有钱，所以穿的衣服也比别人好一些。他有条叫丽丽的狗，是条性格执着的英国斗牛犬。它太任性，浑身是味儿就算了，让它干什么它偏不干，蛮劲倒是很大，想去哪儿就去哪儿，拽不住。我每天都抱

着它，回去之后必须洗澡。它在剧组里待下来瘦了十几斤，我们合作还算完美。

很多人可能会觉得，老孙头儿这个角色有点理想化了，其实并没有。我在生活中遇到过很多这样的人，他们本身有点实力，经济条件不错，他们打心眼儿里喜欢一门艺术，或者因为一个人的风格而喜欢一个人。他们愿意跟你接触，甚至不惜把自己的事业暂时搁置，拿出自己的精力和物力来支持你。这种人是真实存在的，他们真诚，有追求，并且比许多人都能坚持，这一点非常可爱。

《缝纫机乐队》这部戏里面每个人都有自己的性格特点，上至老人，下到小孩儿，每一个角色都被塑造得丰满动人。

我和韩童生老师是十几年的老朋友了，他虽然年纪大，却有一颗童心，平时讲话很会抖包袱，总能把人逗乐。平常虽然很少见面，但是并不会感觉陌生，各种话题聊起来都没有问题。

娜扎漂亮，没什么架子，十分随和。而乔杉也是老朋友了，我自觉胡亮这个角色十分适合他，因为他本来也是个心直口快的主儿。

在戏里面，因为老孙头儿想学打鼓，总是追着炸药要拜师。李鸿其是名台湾演员，最开始的时候我觉得他和我年轻时挺像，有点内向，有点蔫儿，但他有热情的一面，内心里的活力最终还是会释放出来的。因为我与他有不少对手戏，也就越来越熟了，才发现他也挺活跃，然而真正了解他的时候，戏散了，这是一桩憾事。但我相信，总有机会再见。

别看希希是剧组年纪最小的成员，我和她也有过不少的合作，但没有更深地聊过。这次发现，这小姑娘聪明可爱就算了，还非常有灵气，并且相当能唠，以至于后来发展成了我的"老酒友"。

我觉得生活最有趣的地方在于，你能和一帮志同道合的朋友一起做一件特别有趣的事儿，拍摄的那点苦觉得是享福了，觉得心里痛快。虽然说，自打组了乐队之后我们就没过上什么好日子，但我觉得我们都在为同一个目标而努力，这已经很了不起了。

第四章
我们的摇滚时代

摇滚不是什么，

你觉得它是什么，就是什么。

纵有疾风起

高　虎
痛仰乐队主唱

有天，我的朋友黄燎原跟我说："我一位朋友在拍电影，想请你去串场戏。"电影跟摇滚乐有关，我觉得有意思，就来了。集安和北京不同，城市干净，空气也好，电影又跟我青春的年岁有关，忽然就想到了故乡，想到了从前。

我是江苏人，却长于新疆，在北京讨生活。一个异乡人去一个城市扎根生活，肯定有原因，那是因为我想要的只有北京这个地方能够给我。我倒也享受，不觉得漂泊叫人孤苦无依，反而感觉自己像是古龙小说里大碗喝酒大口吃肉的侠客，潇洒活这一回，也算无悔。

我曾在知乎上有过一个回答，说的是学校对我而言是乐和怒的初体验。这个乐除了代表着音乐，还有一层是快乐的含义。那时候没有什么包袱，大家都可以畅所欲言，没包袱的人很轻松，快乐也容易多；而怒，是因为年轻，年轻人凑在一起，跟个火药桶似的，脾气一点就着，容易发怒。

当时，夜叉、废墟，音乐圈子里的很多人，都住在一个叫树村的地方。除了演出之外，平日里我们在树村排练，在树村生活，当时觉得所过的生活是大碗喝酒大口吃肉，似乎真的是侠客身在江湖，其实也就是一个城乡接合部。

在当年早期的乐队里，我们应该是最早一拨做巡演的，包括到现在，我们还在陆续做巡演。我个人更喜欢 Live House，剧场是另外一种感觉，限制会多一些，好处是，无论观众在哪个空间都可以被带动起来。能够一直在路上，是件乐事，因为你将面临很多未知性，人生因此变得有意思许多。

人生其实有点像是摇滚乐，需要你去打破一些既定的东西，然后再对其进行重建。我们乐队在做《不要停止我的音乐》和《今日青年》的时候就做了打破和重建，与之前的专辑相比做了很多改变，比如说第一次同期录音，并且去和国外的音乐师合作。

我们乐队之前有一年多没有做任何演出，只演了人艺的话剧。2006 年的时候做了一轮很大的巡演，2007 年几乎又是歇着，2008 年又重新开始。遗憾的是，之前有些状况，在网上造成的一些争议比较大，好的是，现场一直场场爆满，人很多。人生总会有低谷的，谁都不可能一直平顺，要不人们常说，纵有疾风起，人生不言弃呢。而我也一直都相信，一切肯定都只会越来越好。

的确如此，当下玩乐队的年轻人越来越多了，风格也比我们更加广，起步也比以前更高。最大的区别在于，以前地下音乐的地下演出特别多，音乐节少之又少。现在不一样，反过来了，音乐节很多，而好的地下演出越来越少。

这是时代的造就，但开心的是，有人还在怀揣着摇滚梦，并且在为之努力。时代确实在变，但有一点永远没有变，那就是摇滚给人带来的力量。

年轻那会儿，摇滚对我而言，意味着我要像战士一样去生活，而现在，变了，就是生活的战士。如果你在十几年前问我什么是摇滚，我的回答会是，什么是摇滚？可如果这个问题放到现在来提问，我会说，摇滚不是什么。

你觉得它是什么，就是什么。

摇滚人生

赵明义
黑豹乐队鼓手

以前黑豹乐队有上过几次大鹏的节目，所以也算是比较了解，也一直知道他有一个音乐梦。后来得知他在拍摄一部叫《缝纫机乐队》的电影，便一直都在关注这件事的进展。国内很少有人来拍这样的题材，当他找到我说希望能来客串一下时，我非常高兴，觉得自己有这个义务来帮他。

毕竟我也有梦，小时候，人们总爱问你的理想是什么，我小时候想当兵，想当音乐家。这两个理想均在我 16 岁时就实现了，我考了军校，毕业后被分配到部队乐团做独奏演员，人生最顺畅也不过如此了。

1989 年，我在部队乐团工作，当时我有一个战友叫栾述伟，是黑豹乐队主唱栾树的哥哥。当时他经常带着黑豹乐队的李彤来玩，我也因此接触了摇滚乐。认识他们以后，我听的音乐类型完全变了。

我学的是古典乐，从事的也是传统的打击乐，接触摇滚之后，我觉得摇滚乐与我所学的音乐的发挥空间是完全不同的，却一样会让人从心里面觉得震撼。

1989 年底，我有幸和窦唯、栾树加入了黑豹乐队，从前的苦我没吃到，后来该吃的苦一点没少。四个月后，黑豹乐队成名，广为人知。

1995 年，我们跟原来的经纪人有一些认识上的差别，所以有一段时间我们是没有经纪人的，结果就是大家各自都去谈。后来我们一起讨论，决定由我来做经纪人，因为我在乐队里是鼓手，永远都在后面看乐队，相对其他人更能清楚地知道每个成员的想法，又加上我的观念和乐队没有任何差异，我们想的问题都是一样的。

一切都是我们自己摸索出来的，基本上全靠实战，这对我们乐队来说是好事，不管有何困难，在我们乐队面前统统不是问题。我们曾经遇到过无良的举办商，票卖得不好，却把责任推到我们身上，没有按照约定来负责乐队成员的吃住或者现场没有电灯一系列的状况。好的是，我自觉在处理突发事件上能力还不错，尤其是经历过那么一两次，就更有经验了。于是就免费做了二十多年的经纪人，直到如今还只是赚着一份鼓手的钱。

仔细算算，到今年，黑豹乐队从 1987 年到现在已经成立三十年了，而中国摇滚乐也正好三十年了。今年，诸多媒体做报道，宣传中国摇滚三十年，但这三十年我不知道应该具体从哪天算起，却也算见证了中国摇滚乐的从无到有。我一直都觉得，现在的年轻的玩摇滚乐的人所走的路，是那三十年里每一个玩摇滚的人蹚出来的，这段路不容易。

要知道，在 20 世纪 90 年代以前，是摇滚最红火的时候，却也是兴衰参半。黑豹乐队大起大落多次，摇滚史上的每一次兴衰，我们都赶上了。这三十年，很不容易，但很幸运，我们还在。

这三十年，中国的摇滚乐变化很多，以前的乐队的演出风格相对一致，有共通的地方，但当下的音乐类型太多了。要说变化最大的应该是现在资讯发达，你随时都可以知道哪支队或者哪个歌手在什么时间段发布了新专辑，并且能在第一时间就听到。这是一个好的时代，当年我们为了买一把吉他、买一套鼓而去拼命的时代已经过去了。

时代的进步，让做专辑都变成了一件特别有情怀，甚至可以说是复古的事。

2017 年 4 月 21 号，我们发行了新专辑，专辑这个载体已经快要消失了，音像店倒闭了太多，或者就是被兼并，大家都热衷在网上听免费的。花费一百多万，耗时一年半去做一张专辑，变成了一件稀罕事儿，但我觉得有必要去做。

人是应该顺应时代去更新自己的思想，但也不能太忘本。现在的年轻人不愿意听你怎么艰苦奋斗吃苦耐劳，大部分年轻人都在渴求速成。可没有这样的路，没有强大的后劲是很容易被淘汰的。即使黑豹乐队至今已有三十年，但我始终觉得我们的顶峰远远没有到来，属于摇滚的顶峰，也远远没有到来。

为不被消磨的青春时光

彭　磊
新裤子乐队主唱

《缝纫机乐队》这个名字，给我的感觉比较像是发生在 20 世纪 90 年代的一个小城市里面，几个年轻人成立了一支乐队，只为了消磨青春时光的故事。乐队的名字很九十年代，那时候正是乐队红火的时期，有很多人都组建乐队，大家都喜欢取一个怪怪的又特别的名字。

新裤子乐队也是于九十年代成立的，那会儿所有的年轻人都在听摇滚乐，到现在很多还活跃着的乐队，也都是那个时候留下来的。现在的年轻人基本上不玩乐队了，即使有，也特别的少。我一直觉得，新一代的乐队没有成长起来，基本上算是断了香火了。

可能是时代造就的文化差异，当年那帮组乐队的人，我们都只有一个目标，但现在不同了，大家追求的东西比较多，什么都知道。我们那个年代，信息闭塞，没有看过那么多电影，也没听过那么多的音乐，偶然接触到摇滚那么时髦的东西会觉得特别先锋。

但跟二十年前相比，摇滚乐相对景气了一些，越来越多的音乐节与原创类选秀节目给大家提供了很多机会。慢慢地，听摇滚的人也就多了，但我觉得还不算景气。

说起二十年前，似乎显得我有些怀旧，这点我不避讳，我确实是个比较怀旧的人，我始终觉得怀旧是文艺的基础。老一辈的文人常去想三四十年代的事，但我们没有经历过，只能从八十年代的事情回忆起来。人都是这样，必须要怀旧和有执念才会有感觉。

大鹏也是一个怀旧且有执念的人，在此之前，我对他了解不多。之前有朋友在搜狐工作，经常会分享一些大鹏拍的作品，断断续续看了一些，觉得他是一个有意思的年轻人。而我演戏，还是头一遭。最根本的原因，还是因为这部电影跟摇滚乐有关。大鹏有摇滚梦，他拍这部电影也是为了圆自己的一个梦想，而集结新老一代的中国摇滚乐队参与到电影中来，我觉得是好事，而且在国内是第一次，所以就参与进来了。

导演压力挺大，组织那么多人去做一件事，不是一般人能干的。在现场见到他，觉得他跟我想象的不一样，我原以为他非科班出身，专业能力可能不是很强，但是他控制得很好，而且他很会和人打交道。这对一个导演来说，不容易，很多导演具备艺术能力，但是现场控制力却很一般，这点我很佩服。

当然，我也愿意相信，这一切都是因为他内心里对摇滚的喜欢，让他必须拼尽全力去完成这件事，并且达到最好的完成度。随着年岁的增长，我越来越觉得，这个世界跟我们想象的有点不太一样。

很多东西，你没去尝试过，你就不会知道。

时代不停在变，难免会有一点困惑，如果不是保持初心，有多少的青春时光都可能尽被消磨了。

可有梦的人，永远比别人多了一些可能。

属于自己的光芒

龙　隆
音乐制作人

导演组跟我沟通希望我能来《缝纫机乐队》剧组串戏的时候，他们详细地给我讲了这部片子，是一部跟乐队有关的电影，听上去很有趣。我们这些老的乐队人，其实心里都是有这个情结的，有人愿意拍乐队题材的片子，我觉得我应该出一把力。

其实我根本就不会演戏，只是重在参与，力求能够表现自然一些。我在戏里面台词不多，戏份也相对较少，但还是觉得非常有意思，这是一个很好的尝试，最重要的是，让我想起了那一段青春往事。

1993 年 11 月，我和汪峰、刘刚、李斌还有杜咏几个人成立了鲍家街 43 号乐队（后来因乐队人员更迭又加入了单小帆、王磊和赵牧阳）。我们几个人都是来自中央音乐学院，乐队的名字是母校的门牌号码，汪峰是主唱，而我在乐队里是主音吉他手。

我们几个人可以说是一起长大的，都是从小就学习古典音乐，从音乐学院附中就在一起了。古典音乐培养了我们扎实的音乐基础理论知识和严谨的技术训练方法，但它终归是属于过去几百年的音乐表现形式，辉煌并衰落着，我们几个人都是对音乐有着自己独立的思维方式和见解又有着强烈的创作欲望的，虽然当时对摇滚乐还缺乏全面的认识，演奏能力还比较匮乏，但具备热情与愿意为之奋斗的精神，这才是最重要的，20 世纪 90 年代初期的中国摇滚乐又何尝不是如此呢？于是就这几个人组成了一支乐队。

玩摇滚乐，就是喜欢，每个人都希望有一天能站在绚丽的舞台上，像我们看

了无数次的摇滚英雄们那样，对着数万甚至数十万的现场观众表演我们自己的作品。

当时在北京的乐队，我们算是条件最好的了，在学校里找到了一个排练场地——地下室，成了名副其实的地下乐队，其实直至今天也没有几支乐队能有自己的专属排练室，我们当时就有了。

我们五个人每天一早起来，就到地下室去排练、创作，每天两场，从未间断，没什么收入，但非常快乐和充实。往事总是难忘，毕竟在青春年岁里担任重要角色，只会随着岁月的流逝变得更加清晰。

鲍家街43号第一次的公演，是在一家叫轩豪的俱乐部（现在叫蜂巢剧场了，多以表演话剧为主）。当时比较牛的摇滚乐队都会去轩豪演出，而我们能够在那里演出也感觉特别自豪，演出得到了摇滚前辈们的认可，大家都在问哪里出来的这支叫鲍家街43号的新乐队。

那时气氛特别好，不像现在，那个年代的人们都注重精神多过物质，当然那时候也没啥物质，是个值得回忆的年代。做乐队的人，演出不是为了盈利，而是为了开心，也为了心中的那个摇滚梦。

互联网时代的到来，让大家的眼界开阔了，一切发展都越来越快，越来越先进，也越来越现实。

现在的孩子们无论是训练方法还是演奏乐器的水准以及使用的乐器都与过去不可同日而语了，所接触的音乐也比之前我们所接触到的要宽泛了不知道多少倍。

但最大的问题在于，环境变好了但创作的质量没有提升太多，反而有越来越平庸的趋势。以前的作品更多的是对现实社会的关注及反省人性的短板，是很敏锐的，哪怕是描写爱情的也是有着自己独特的视角的，而当下的音乐作品大多的表象是缺乏灵魂上的东西，缺乏个性，千篇一律，充其量只是抒发些小情绪，更谈不上什么力量了。希望只是目前的一个阶段。

如今大家很少再提起摇滚这个词了，这个说法对于当下来讲可能有些过时，但它批判现实主义的精神是不会消亡的。流行文化是有周期性的，就像八十年代流行喇叭裤，九十年代不流行了，又过了一些年，喇叭裤又流行起来了。都是风靡与低迷交替出现的。

中国的音乐市场低迷其实是有原因的，也符合当下中国的国情，音乐的产业链特别长，回笼资金的渠道烦琐又细碎且充满层层障碍，又缺乏强有力的法律法规的管理和监督及惩戒，音乐产品的投入和产出是严重不成正比的，甚至有颗粒无收的可能。

所以说音乐行业在当今的中国还只是个良心行业，凭的是音乐人对音乐的热爱和追求，凭的是商家对音乐人的理解和扶植，还不能像电影一样实现正向的产业化运营。

当然，时代越来越好，我也相信以后会变好，可也绝对是一个漫长的过程。虽然在这一点上我是比较悲观的，但我依然选择相信，因为音乐终归是人类的刚需，是唯一的人与人超越语言的沟通方式，是只有人才能体会的真善美的表达。

非常感谢大鹏选择来拍这样一部反映音乐、反映乐队的电影，也圆自己的一个梦想。

时代一直在变，但唯一不变的，是总有些人心中的梦依然长存，而它终究会在某日散发出耀眼光芒。

人生无须定义

刘义军
唐朝乐队主创及前主音吉他手

以前给张元导演写过电影音乐，但拍电影还是第一次。在大鹏的《缝纫机乐队》里，我饰演了一名外科大夫。当时的第一反应是，是不是要给灵魂深处动动手术啊。

只是客串的缘故，戏份并不多，但觉得挺开心。人嘛，在行走的时候，弯弯曲曲的，有时候我们需要增加点良药。人生都是在治愈的过程里面完成了成长。

在四十年的音乐历程中，在与乐器和声音的不断沟通中自我成长，在音乐、艺术的氛围里，也不断地释放了自己的张力。

我现在基本是音乐和绘画双向走的，去年办了一场个人的画展，明年可能还有第二场展览。每个阶段都有自己成长的一些心得，和音乐之间、和环境之间所产生的互动、成长以及自我解脱。能量在每个阶段里边保持的冲力都挺充实，张力也依然存在。

绘画对我来讲，是自己修性的一个横向的东西。它完全是独立抽象的，也是我自我感知的另外一种表达。不知道其他人对个体化的领悟是怎样的，在我看来，其实弹琴画画是特别自然的一件事情，它是一种邻居关系，又或是像一种夫妻关系，因为它不断地孕造出新的生命。

音乐和绘画其实是一体的。像我绘画的东西，是在另外的一个维度里面，而音乐实际上在一个时间控制项，比如说在小时里，那我的绘画可能在秒里，我和它之间会产生一个分的过程。我每天的生活都是在体验分钟的过程。包括每次的一个情节，包括像参加今天的一个拍摄活动，都是在分钟里边体验的。

我想，每个人都有独立的波形，就画自己的心性、心得。因为这需要靠完全的静心，穿越时间和空间。

而摇滚乐，是那种能彻底揭开灵性或一种原始自由空间的存在。人走到一定时候，会有很多的社会问题、社会压力、环境问题、情绪问题、家庭的问题和人与人之间的问题。靠谁来解决呢？靠我们自己这个所谓的手段，就是媒介，外界称之为摇滚，这个都不重要了，它就是一个动态符号，从外壳里面解脱，找到你的自由。

小时候，姐姐们回家的时候，经常会带一些木琴、手风琴、古琴，还有扬琴。那时候是一种启蒙，可能就是那时候埋下了声音波形的种子。到今天来讲，我们把它验证了，逐渐地在产生悟性。然后那个悟性不断从外观到内观，从内观再进入到外观，这之间相互有一个阴阳的触摸感，然后这里边会摩擦出一个新的体验，我们叫这个为能量。它是非物质的，但是它不断地在支撑着你对于一个东西的兴趣，在支撑着你，这个是很有意思的。

江湖上传说我每天练琴的时间有十多个小时，这个忘我的过程实际上来讲是一种信念，一种精神，很难用语言说清楚。吉他本是西方的乐器，但我在不断地感悟中，逐渐开始脱壳。当我打开悟性的时候已经是 30 岁了。我们中国的古琴是这个弹拨乐的老祖宗，所以那时候不叫吉他，叫弹拨乐器，从那时起，视野全部改变了。

唐朝的第一版专辑，当初我们四个人实际上是一个灵魂，那个太难得了，挺纯粹、干净的一种精神的碰撞，非常质朴非常真诚。我经常说动念，你的念，就是说动机，

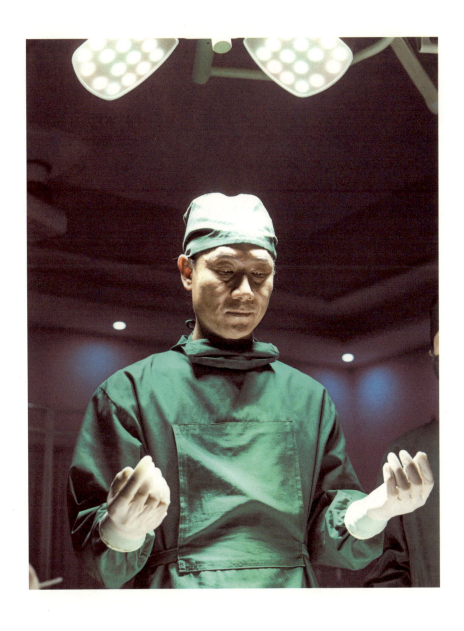

这个念的干净指数，是人这个念越干净，这波送得就会远。

我觉得每代人和每代人不太一样，像我们这一代人，就我而言，偏于 80% 的精神上的东西。所谓的权威性的东西，在摇滚里面，我个人现在是不需要的。

每代人做每代人该做的事情，这是非常重要的。我觉得尽量减少我们对年青一代的摇滚人的判断和定义。他们不需要被定义，他们需要在他们自己生活的空间里面找属于他们自己的体验，给予他们自然发展的空间才是应该的。再有一点，摇滚乐、爵士音乐、古典音乐，最后两个字——"音乐"本身，它是具有独立生命的。你就是媒介，音乐就是媒介，反正我就觉得现代音乐能够通过它的很多角度把每个人的原始能量激活，人可能就会平衡了。要不现在国度发展速度那么快，很多东西怎么办。我倒觉得这国度，音乐的东西太不够普及了。13 亿人口，搞现代音乐的太少了。在中国来讲，起码应该有上几千支乐队。

像我们这个年龄的人，现在都是平常心、本分事儿了，就研究自己的那个音色，属于我老五这一生的这个波形。人，说白了就是一百年的空间嘛。

《缝纫机乐队》美术气氛图

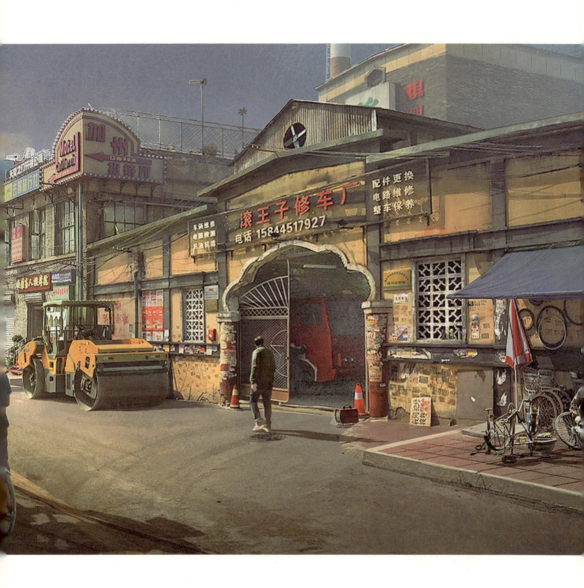

电影《缝纫机乐队》图纸					
导演	大鹏	场地	主街道	日期	2月20日
美术指导	王竞	编号			
制图	刘国平	单位			

电影《缝纫机乐队》图纸					
导演	大鹏	场地	希希礼堂	日期	2月20日
美术指导	王竞	编号			
制图	孙晟峰	单位			

电影《缝纫机乐队》图纸				
导演	大鹏	场地	胡亮修车厂	日期	2月20日
美术指导	王竞	编号		
制图	刘国平	单位		

电影《缝纫机乐队》图纸					
导演	大鹏	场地	摇滚公园废墟	日期	2月20日
美术指导	王竞	编号			
制图	刘国平	单位			

电影《缝纫机乐队》图纸					
导演	大鹏	场地	胡亮家	日期	2月24日
美术指导	王竞	编号			
制图	刘国平	单位			

电影《缝纫机乐队》图纸				
导演	大鹏	场地	打斗的街道鸟瞰	日期	3月5日
美术指导	王竞	编号			
制图	刘国平	单位			

电影《缝纫机乐队》图纸				
导演	大鹏	场地	二十年前集安摇滚公园	日期	3月7日
美术指导	王竞	编号			
制图	刘国平	单位			

电影《缝纫机乐队》图纸					
导演	大鹏	场地	破吉他演唱会（20年前）	日期	3月15日
美术指导	王竞	编号			
制图	倪殷豪	单位			

《缝纫机乐队》开场故事版

场次　镜头 **01**
描述 一组空镜 阳光
　　花朵树木
　　校园窗户

场次　镜头 **02**
描述

场次　镜头 **03**
描述

场次　镜头 **04**
描述

场次　镜头 **05**
描述
透过干净的窗子
阳光为小礼堂镀上一层
金边

场次　镜头 **06**
描述
礼堂舞台正上方的横幅
"演讲大赛"四个大字
醒目

场次　　镜头 **07**
描述　全景 镜头微俯 由一排排整齐划一的学生 降至前排正襟危坐的学校领导及老师们的中景 正好某位同学的演讲刚刚结束 大家鼓掌

场次　　镜头
描述

场次　　镜头 **08**
描述 主持人（斯琴格日乐）：下面 有请来自三年级一班的胡亮同学上台演讲 演讲题目是《我的家乡》

场次　　镜头 **09a**
描述
小胡亮由画面一侧入境 站定在镜头前 背对镜头：

场次　　镜头 **09b**
描述

场次　　镜头 **10**
描述 演讲比赛的红色条幅下 少年胡亮 用力地咽了一口唾沫：啊～

场次　　镜头 **11**
描述 台下老师被吓一跳

场次　　　镜头 **11+A**
描述
镜头带着前面的观众
移动拍摄小胡亮
胡亮（说话有点大舌头）：
我的家乡！是小城集安
它安安静静，普普通通。

场次　　镜头 **12b**
描述
随着胡亮的演讲 镜头向
前推近至胡亮的近景
胡亮：然而，因为一支乐
对的出现，它发生了天翻
地覆的变化……

场次　　镜头 **12c**
描述
镜头推近胡亮脸 背后红
布落下转场至它家中

场次　　镜头 **12d**
描述

场次　　镜头 **12e**
描述
胡亮在家中边吃饭边目
不转睛地看着前方（电
视的画外音进人）

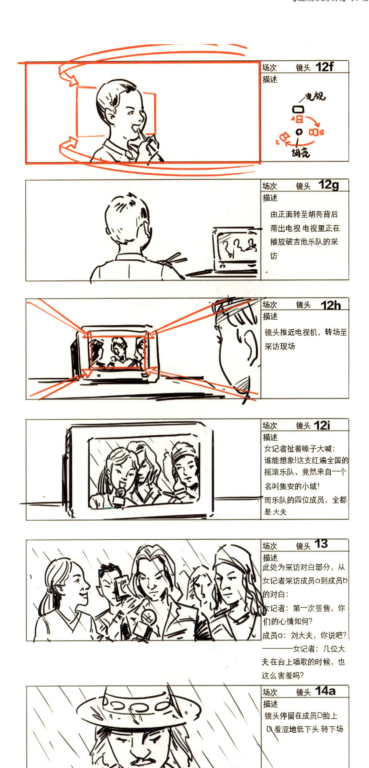

场次　镜头 **12f**
描述

场次　镜头 **12g**
描述
由正面转至胡亮背后
带出电视 电视里正在
播放破吉他乐队的采
访

场次　镜头 **12h**
描述
镜头推近电视机，转场至
采访现场

场次　镜头 **12i**
描述
女记者扯着嗓子大喊：
谁能想象!这支红遍全国的
摇滚乐队，竟然来自一个
名叫集安的小城！
而乐队的四位成员，全都
是大夫

场次　镜头 **13**
描述
此处为采访对白部分，从
女记者采访成员a到成员b
的对白：
女记者：第一次签售，你
们的心情如何？
成员a：刘大夫，你说吧？
——女记者：几位大
夫在台上唱歌的时候，也
这么害羞吗？

场次　镜头 **14a**
描述
镜头停留在成员D脸上
D羞涩地低下头 转下场

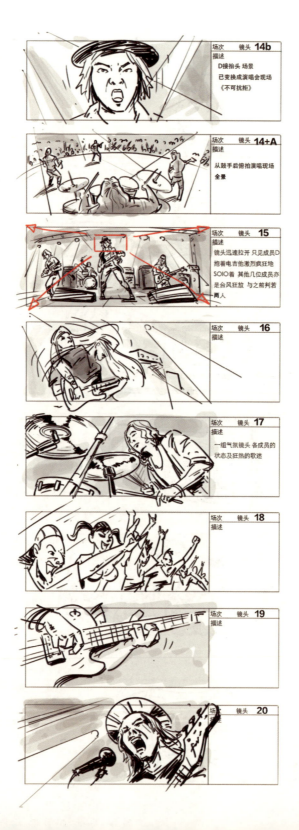

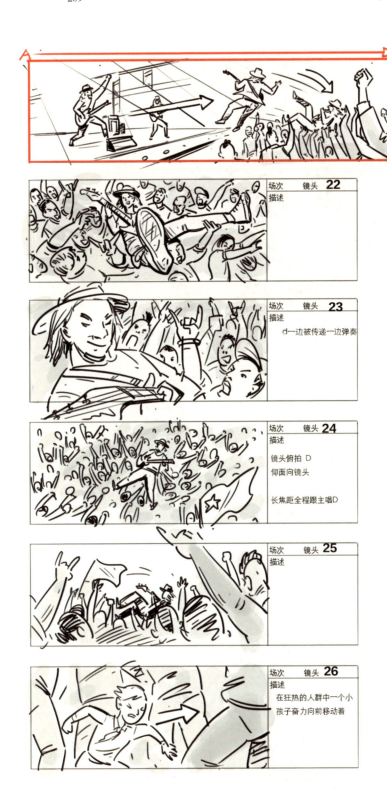

场次　　镜头 **21**
描述
主唱 D突然背朝观众跳
下舞台 疯狂的歌迷们
举起双手托住D 在人群
中传递着

场次　　镜头 **22**
描述

场次　　镜头 **23**
描述
d一边被传递一边弹奏

场次　　镜头 **24**
描述
镜头俯拍 D
仰面向镜头
长焦距全程跟主唱D

场次　　镜头 **25**
描述

场次　　镜头 **26**
描述
在狂热的人群中一个小
孩子奋力向前移动着

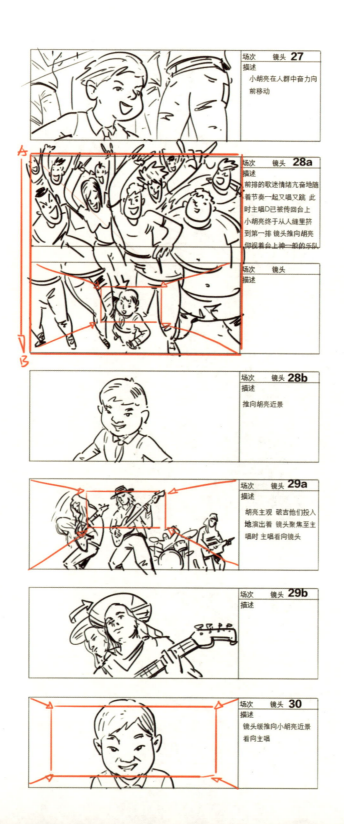

场次　镜头 **27**
描述
小胡亮在人群中奋力向
前移动

场次　镜头 **28a**
描述
前排的歌迷情绪亢奋地随
着节奏一起又唱又跳 此
时主唱D已被传回台上
小胡亮终于从人缝里挤
到第一排 镜头推向胡亮
仰视着台上神一般的乐队

场次　镜头
描述

场次　镜头 **28b**
描述
推向胡亮近景

场次　镜头 **29a**
描述
胡亮主观 破吉他们投入
地演出着 镜头聚焦至主
唱时 主唱看向镜头

场次　镜头 **29b**
描述

场次　镜头 **30**
描述
镜头缓推向小胡亮近景
看向主唱

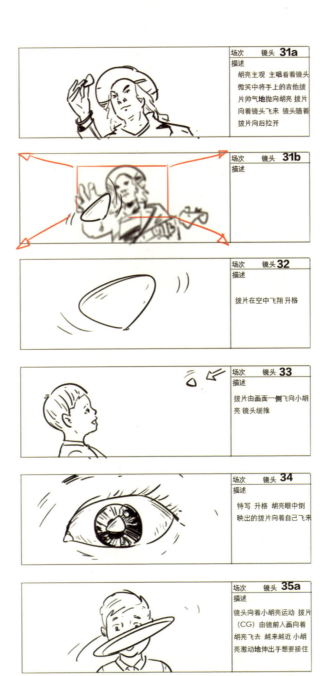

	场次　　镜头 **31a**
	描述
	胡亮主观 主唱看着镜头 微笑中将手上的吉他拨 片帅气**地**抛向胡亮 拨片 向着镜头飞来 镜头随着 拨片向后拉开

	场次　　镜头 **31b**
	描述

	场次　　镜头 **32**
	描述
	拨片在空中飞翔 升格

	场次　　镜头 **33**
	描述
	拨片由画面一侧飞向小胡 亮 镜头缓推

	场次　　镜头 **34**
	描述
	特写 升格 胡亮眼中倒 映出的拨片向着自己飞来

	场次　　镜头 **35a**
	描述
	镜头向着小胡亮运动 拨片 （CG）由镜前入画向着 胡亮飞去 越来越近 小胡 亮激动地伸出手想要接住

	场次　　镜头 **35b**
	描述

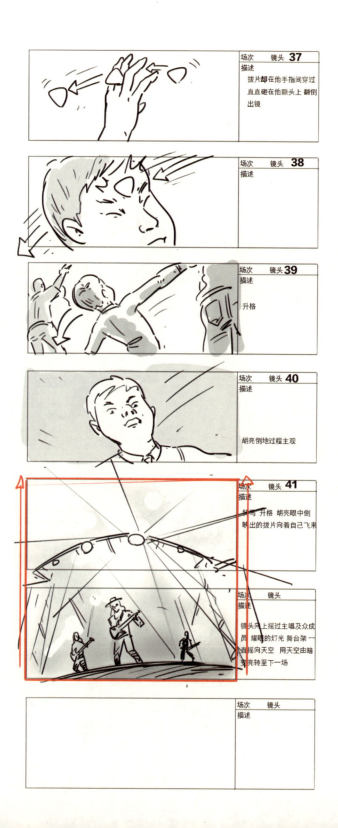

	场次	镜头 **37**
	描述	
	拨片**却**在他手指间穿过 直直砸在他额头上 翻倒 出镜	

	场次	镜头 **38**
	描述	

	场次	镜头 **39**
	描述	
	升格	

	场次	镜头 **40**
	描述	
	胡亮倒地过程主观	

	场次	镜头 **41**
	描述	
	特写 升格 胡亮眼中倒 映出的拨片向着自己飞来	

	场次	镜头
	描述	
	镜头向上摇过主唱及众成 员 耀眼的灯光 舞台架一 直摇向天空 用天空由暗 变亮转至下一场	

	场次	镜头
	描述	

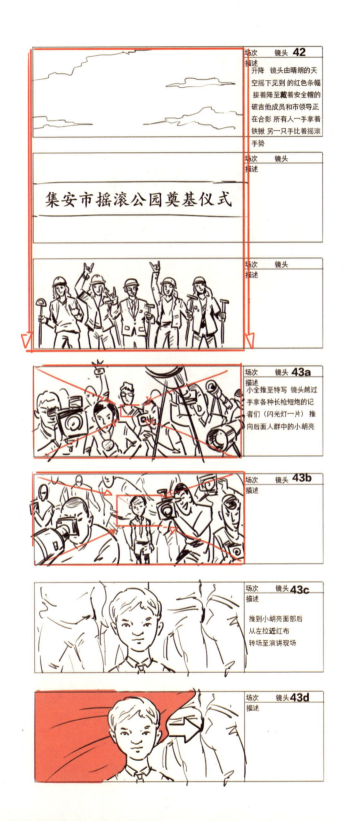

	场次　镜头 **42**
	描述
	升降 镜头由晴朗的天空摇下见到 的红色条幅 接着阵至 戴着安全帽的破吉他成员和市领导正在合影 所有人一手拿着铁锹 另一只手比着摇滚手势

集安市摇滚公园奠基仪式

	场次　镜头
	描述

	场次　镜头
	描述

	场次　镜头 **43a**
	描述
	小全推至特写 镜头越过手拿各种长枪短炮的记者们（闪光灯一片）推向后面人群中的小胡亮

	场次　镜头 **43b**
	描述

	场次　镜头 **43c**
	描述
	推到小胡亮面部后从左拉 **近**红布转场至演讲现场

	场次　镜头 **43d**
	描述

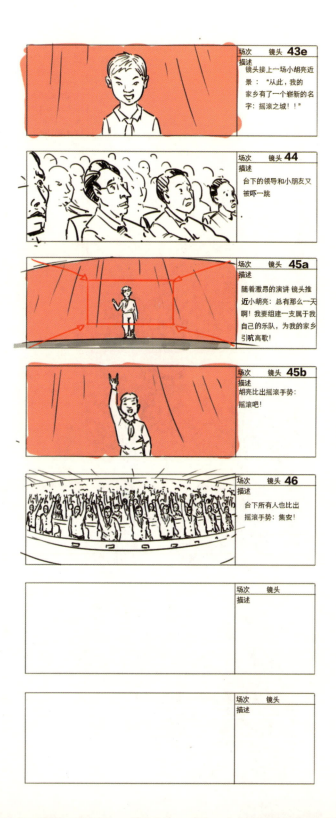

场次　镜头 **43e**
描述
镜头接上一场小胡亮近景："从此，我的家乡有了一个崭新的名字：摇滚之城！！"

场次　镜头 **44**
描述
台下的领导和小朋友又被吓一跳

场次　镜头 **45a**
描述
随着激昂的演讲 镜头推近小胡亮：总有那么一天啊！我要组建一支属于我自己的乐队，为我的家乡引吭高歌！

场次　镜头 **45b**
描述
胡亮比出摇滚手势：摇滚吧！

场次　镜头 **46**
描述
台下所有人也比出摇滚手势：集安！

场次　镜头
描述

场次　镜头
描述